눈을 마주치며 마음을 나누는 만남이 그리운 시대에 살고 있습니다.
SNS, 사이버 공간에서의 약어와 이모티콘들이 우리를 대신합니다.
자기중심적인 세계로 유혹하는 환경 가운데, 다른 사람을 배려하고 이해하는 것이 도전을 받고 있습니다.
공감할 능력을 잃은 사람은 다른 사람과 관계하는 것이 점점 어려워집니다.
분주한 삶 가운데 외로운 존재가 되었습니다. 인간 본연의 전인적인 형상을 망각하고,
AI(인공지능)의 수준으로 타락해가는 시대에, 귀한 책을 만나 기쁘고 감사합니다.
우리 아이들이 마음껏 공감하고 사랑할 수 있도록 영감을 주는 글과 실제적인 삶의 경험이 함께 있습니다. 우리 아이들뿐만 아니라, 돕는 부모와 우리 모두에게도 공감할 수 있는 능력을 더하길 바라는 분들께 적극 권해 드립니다.

연세의료원, 의료선교센터 소아과전문의, 의료선교사 **최원규**

인간은 교육을 통하여 더 성숙된 자아를 지니는 성체가 된다고 한다. 그 교육의 중심에는 항시 상호 믿음과 신뢰가 기본 원칙이며, 이는 곧 배려, 사랑과 존중이 만든 결정체의 탄생이라 생각한다. 이런 의미에서 저자가 쓴 책은 자녀의 올바른 됨됨이와 공감능력을 키우고자 하는 분들에게 많은 도움이 될 것이다.

은정유치원 이사장 **권은정**

4차 산업혁명 시대에서 요구하는 인재상을 논할 때, 올바른 인성은 항상 중심에 있다. 인성 즉, 사람 됨됨이를 만드는 일은 세상이 최첨단으로 변화될수록 더 중요시 되고 있는 것이 사실이다. 그런 중요한 인성을 만드는 가장 중요한 시기가 유아기라고 생각한다. 유아기에 바른 인성을 가지고 서로 소통하고 공감할 수 있는 아이로 키우고자 한다면 저자의 책이 많은 도움이 될 것이라 확신한다.

Midwest University 교수 **엄세천**

두 아이를 키우는 엄마로서, 아이가 자랄수록 부모의 욕심이 커간다는 걸 느낀다. 아이를 잘 키우고 싶다면 조기교육에 매달릴 게 아니라 지금 바로 아이의 등을 토닥이고 공감해 주면 될 것을. 이것이야말로 아이의 멋진 미래를 만드는 첫걸음인데, 어쩌면 늘 멀리서 해답을 찾으려 하는 건 아닐까. 이 책은 조바심에 가득 찬 부모의 마음을 따뜻하게 다독여 주면서 부모와 아이 모두 함께 행복한 길을 일러 준다. 책을 읽으며 바로 오늘, 우리 아이를 웃게 해 주고 꼬옥 안아 주어야겠다고 결심한다.

작가 **박보영**

우리 아이
행복한 두뇌를 만드는
공감수업

우리 아이
행복한 두뇌를 만드는
공감수업

추정희 지음

태인문화사

소통능력이 떨어지면
공감능력도 떨어진다

        두뇌상담사로 살아오면서 수많은 상담을 해 보면, 서로 하는 말이 다르다. 자신이 가정을, 자녀를, 부인을, 남편을 위해 얼마나 희생했는데 가족들이 너무나 자신을 몰라 주어 마음이 아프다고 한다. 자녀 상담도 그렇다. 거의 대부분 자녀와의 소통 문제로 갈등을 겪고 있는 것 때문에 상담을 한다.

  인간이 다른 동물들과 다른 것은 바로 소통능력이 뛰어나다는 것이다. 인간은 소통을 하기 위한 다양한 능력을 가지고 있다. 그럼에도 불구하고 힘들어 하는 것은, 바로 우리 모두에게 있는 소통능력을 잘 활용하지 못해서이다. 그런 면에서 이 책은 참으로 중요한 책이라고 할 수 있다.

살면서 몇몇 추천서를 써 보았지만, 추정희 작가에게 추천서를 써 달라는 말을 듣고 많이 행복했다. 추정희 작가는 내가 살아오면서 많은 관계의 사람들을 만났지만 제자와 스승이라는 아름다운 단어로 만났기에 특별히 아끼는 사람으로서 무척 기뻤다. 그보다는 그의 인품이 책을 쓰기에 충분했기에 다른 무엇보다도 더욱 행복했다.

"우리 아이 행복한 두뇌를 만드는 공감수업."

공감이란 단어는 다른 사람의 상황이나 기분을 느낄 수 있는 능력이라고 한다. 많은 부모들은 내 속으로 난 내 자식이라 너무 잘 알고 있다고 하는데 그건 착각이다. 그 착각이 지나고 나서 보면 후회가 되는 것이다. 그러고는 진작 알았으면 하는 생각을 하게 된다.

추정희 작가는 유아교육을 전공하고 지금까지 현장에서 아이들을 가르치며, 때로는 부모 코칭가로, 경영자로, 교육과 경영을 하면서 가장 힘들게 느꼈던 부분이 바로 부모와 아이들의 공감능력이 떨어지는 것이라고 생각했을 것이다. 나 역시 오랫동안 부모 교육을 하면서 가장 바꾸기 힘든 것이 바로 부부간의, 혹은 부모와 자식 간의 소통을 시키는 일이었다.

작가는 그동안의 경험과 지식을 바탕으로 한 자 한 자 적어 고이 품고 있던 주옥같은 글들을 출판한다고 수줍게 말할 때, 나는 내가 책을 내는 것보다 더 기쁘고 행복했다. 그것은 그동안 보아 왔던 추정희 작가의 사람 됨됨이를 너무나도 잘 알기 때문이다.

책이라는 것이 단순이 지식만 전달하는 것이 아니라 자신이 글 속에 글쓴이의 진심이 담겨져 있다는 것을 잘 알기에 흔쾌히 추천서를 써 주겠노라 허락을 했다.

자녀 교육으로 힘들어 하는 많은 부모들이 이 책을 통해 바른 아이로 키우는 길잡이가 되었으면 한다. 또한 반드시 그렇게 될 것이라고 확신하며 추천을 한다.

한국 좌우뇌교육 연구소 소장

홍양표

아이와 함께
성장하는 부모

5월이 시작되면 온 세상이 꽃들의 향연이 되듯, 유치원도 아름다운 장소로 꾸며지기 시작합니다. 화단에는 예쁜 꽃잔디와 봄꽃들이 춤을 추고, 교실 게시판에도 아이들이 그린 그림들이 알록달록 전시됩니다. 교실마다 봄노래가 흘러나오고, 아이들이 사이좋게 지내며 웃는 모습으로 행복이 가득 찹니다. 교사들도 새 학기 적응을 마친 아이들과 알찬 수업을 준비하게 됩니다.

오늘은 만 5세 반 교실로 들어가서 아이들의 수업을 참관했습니다. 선생님의 이야기에 귀를 쫑긋 세우고 눈을 반짝이며 집중하는 모습을 보니 정말 뿌듯했습니다. 어쩜 발표도 저렇게 의젓하게 또

박또박 큰 소리로 잘하는지, 창의적인 생각들이 줄줄이 쏟아지는 것을 보며 정말 보람되고 행복했습니다. 그리고 감사했습니다. '3년 간의 유아교육이 영글어 가고 있구나!' 하고 느끼는 순간이었습니다.

아이들은 이렇게 자랍니다. 부모나 교사가 믿고 공감해 주면 어느 순간 쑥 자라 있습니다. 저와 함께했던 모든 아이들이 저마다의 개성을 가지고 멋지게 성장하는 것을 계속 지켜 보았기에 자신 있게 말할 수 있습니다. 그러면서 우리 아이들의 하루를 정말 소중하게 생각하고 의미 있게 만들어 줘야겠다고 다짐합니다.

대학교 신입생 오리엔테이션에서 교수님은 우리들의 진로에 대해 안내해 주셨습니다. 그중 하나가 유치원 원장이었는데 그 이후로 꿈 리스트에는 항상 유치원 원장이 있었습니다. 꿈을 이루어가면서 저는 수많은 아이들과 부모님들을 만날 수 있었습니다. 그 시간 동안 훌륭하게 성장한 아이들을 많이 만났고 행복한 이야기를 추억으로 가지게 되었습니다.

이 책은 유치원 교사에서 원장으로 성장하면서 찾아낸 영유아기 아이들을 위한 교육철학과 양육 방법이 담겨 있습니다. 특히 왕성하게 두뇌발달이 이루어지는 유아기 아이들의 행복한 두뇌를 만들기 위해 부모나 교사가 꼭 키워 줘야 하는 공감능력에 대해 강조하고 있습니다.

영유아기 아이들은 눈에 보이는 성장과 발달로 부모들을 기쁘게 합니다. 기는가 싶으면 어느새 걷고, 글을 읽는가 싶으면 어느새 쓰고 있지요. 이러한 눈에 보이는 현상들은 우리를 행복하게도 하지만, 때론 우리의 마음을 조급하게 만들기도 합니다. 그래서 준비도 안 된 아이들에게 달리라고 재촉하는 실수를 범하기도 하지요.

교육은 하루아침에 이루어지지 않습니다. 눈에 보이지 않는 변화들은 오랜 시간 꾸준하게 정성을 들여야 하는 경우가 많습니다. 매번 육아로 고민하고 걱정하는 부모에게, 부모도 아이와 함께 성장해 갈 것을 이 책은 말하고 있습니다. 우리 아이가 사람 됨됨이를 가지고 자랑스럽게 자라길 바라는 부모들이 육아의 바른 방향을 잡고 아이와 행복한 가정을 꾸리길 바랍니다. 그들에게 이 책이 일관성 있는 안내와 많은 위로를 주었으면 좋겠습니다.

우리는 누구나 초보 부모, 교사로부터 출발합니다. 아이들에 대한 여러분의 올바른 사랑이 넘치도록 여러분들의 마음에 마중물이 되었으면 합니다.

2019년 5월
아이들과 함께 행복을 노래하는 예쁜유치원에서
추 정 희

차례

1부
아이의 감정에
공감하고 있나요?

이런 아이가 행복한 두뇌의 소유자.
우리 아이가 행복한 아이인지를 알아봅시다.

2부
우리 아이 행복한 두뇌를 만드는
공감력 키우기

행복한 두뇌를 키우는 공감교육, 구체적 방법 제시

3부
놀이와 체험으로
신나게 공감력 키우기

행복한 두뇌를 키우는 공감 교육, 다양한 방법 제시

4부
행복한 아이를 키우는 당신,
당신이 행복한 사람입니다

부모, 아이가 행복한 교육에 대하여 정리하기

에필로그 · 나의 넘치는 행복을 아이들과 함께 공감하고 싶어요

1부

아이의 감정에
공감하고 있나요?

공감력 있어야 행복한 능력자로 키울 수 있다

      7월이 되면 저희 유치원 앞마당에는 여린 분홍색 봄꽃 잎을 지우고 맺은 빨간 산앵두 열매가 아롱다롱 영글어 갑니다. 이 열매는 심심풀이 땅콩처럼 등·하원을 하거나 바깥놀이 나가는 아이들의 입속으로 하나 둘씩 사라집니다. 자연이 주는 선물을 감사하는 마음으로 행복하게 누리는 거지요.

  아이들이 교실에서 노래를 부를 때면, 아기 새와 엄마 새는 기다렸다는 듯이 산앵두나무 옆 아름드리 벚나무 그늘에 모습을 나타냅니다. 조그마한 부리로 산앵두를 하나씩 물고 사라지고 나타나기를 반복하지요. 새들에게는 달콤한 산앵두가 무더운 여름을 시원하게 보낼 수 있는 풍요로운 수확이었을 거예요.

저는 이런 모습을 보면서 우리 아이들이 맛볼 산앵두가 모두 없어질까 봐 조바심이 나기도 하지만 이내 새들과 함께 나눌 수 있음에 감사하게 됩니다.

아이들 하원 지도를 할 때였습니다. 저희 유치원 졸업생 하림이가 엄마와 함께 유치원 정문 앞을 지나면서 반갑게 인사를 합니다. 익숙한 듯 산앵두 하나를 따서 오물오물 맛봅니다. 그 순간 하림이의 머리 위로 새 두 마리가 후두둑 소리를 내며 날아오릅니다.

"엄마, 저번에 비올 때 아기 새 괜찮았을까?"

"그러게, 엄마도 걱정되고 궁금하네."

"아기 새가 많이 힘들어 보였어요."

하림이는 걱정스런 눈빛으로 날아가는 새들을 바라봅니다.

저는 하림이 어머니에게 아기 새 이야기에 대해 여쭤봤습니다.

어머니는 이렇게 말씀하셨습니다.

"며칠 전 장맛비가 많이 내린 날, 유치원 울타리 밖에 하림이와 아이들이 아기 새 한 마리가 비에 젖어 날지 못하고 있는 걸 보았어요. 아이들은 아기 새가 얼마나 안타까웠는지 우산을 교대로 받쳐 주며 비를 막아 주었지요. 그 덕분에 아기 새의 젖은 깃털은 차츰 마르고 있었어요. 엄마 새는 비를 피해 벚나무 속으로 들어가더니 안절부절 못하고 날아다니며 울부짖더군요. 다행히 얼마 후, 아

유치원 앞마당에 핀 봄꽃들처럼 우리 아이들을 진정으로 행복한 능력자로 키우고 싶죠?

기 새는 회복되어 날아갔어요. 그 모습을 본 아이들은 함께 기뻐하며 박수를 쳐 주었지요. 그날 이후에도 하림이는 아기 새가 괜찮은지 계속 걱정을 하더군요."

아기 새의 고통과 아픔을 함께 공감해 주었던 아이들은 저희 유치원을 졸업한 초등학교 2학년 아이들이었습니다. 하림이는 그 중심에 있었습니다. 평소 친구들의 애로사항을 잘 이해하며 공감해 주는, 친구들 사이에서도 인기가 많고 유치원에서도 솔선수범하는 밝은 아이였습니다.

하림이는 유치원을 졸업하기 전에 창의인성두뇌종합검사^{BGA,} Brain General Analysis를 했었습니다. 좌뇌, 우뇌 어느 한쪽으로 치우치지 않고 균형 있고 조화롭게 발달되고 있었습니다. 특히 타인의 생각이나 마음을 공감하는 능력을 알 수 있는 우뇌를 측정하는 항목들이 우수하게 평가되었던 것으로 기억합니다.

저는 아기 새의 위기와 어려움을 공감하고 친구들과 함께 적극적으로 대처해서 좋은 결과를 이끌어 낸 하림이가 무척 자랑스러웠습니다. 아이들에게 곱고 바른 인성을 갖도록 애쓴 3년 동안의 노력에 보람을 느꼈습니다.

많은 부모들이 아이들을 양육할 때, 아이들의 학업과 성적에는 관심을 가지고 신경을 곤두세우는 반면 진정으로 사람됨을 키우는 인성교육은 등한시합니다. 간혹 소중하다고 인식하지만 학업성적을 키우는 만큼의 노력은 하지 않는 경향이 많습니다.

아이들이 사회에서 행복한 사람으로 성장하려면 어떻게 키워야 할까요?

그 해답은 공감에 있습니다.

공감 전문가 로먼 크르즈나릭은 《공감하는 능력》에서 공감은 상상력을 발휘해 다른 사람의 처지에 서 보고 다른 사람의 느낌과 시각을 이해하며, 그렇게 이해한 내용을 활용해 당신의 행동지침으로 삼는 기술이라고 정의하였습니다. 게다가 인간됨의 핵심에 공감이 있다고 말하면서 과거의 개인주의에서 벗어나 공감의 시대를 열어야 한다고 강조하였습니다.

하림이의 사례에서 볼 수 있듯이, 하림이는 생명을 소중하게 생각하는 아이로서 처한 어려움과 아픔을 마음 깊이 공감하는 능력이 뛰어납니다. 하림이는 문제를 해결하기 위해 다른 친구들과 함께 적극적인 행동을 함으로써 좋은 결과를 이끌어 낼 수 있었습니다. 하림이의 이러한 공감능력은 초등학교 생활에서도 두각을 나타냈지요. 아픈 친구가 있으면 솔선수범해서 보건실에 데려다 주었고, 학급의 장애우 친구도 적극적으로 도와서 선행상과 표창장을 수상했지요.

저는 공감을 타인의 감정이나 사고를 공유하는 기분이라고 정의

합니다. 사회 속에서 행복을 느끼며 살아가기 위해서는 반드시 공감능력이 필요합니다. 많은 뇌 과학자들이 말하듯이 뇌발달이 왕성하게 이루어지는 영유아기에 부모가 꼭 키워 줘야 하는 능력이 바로 공감능력이라는 것입니다.

공감력 있는 아이, 리더로 성장합니다

아이들이 생활하는 모습을 보면, 공감능력이 좋은 아이가 인간관계도 잘 맺습니다. 아리스토텔레스가 '인간은 사회적 동물'이라고 했습니다. 인간은 누구나 다른 사람과 어울리면서 사회적 관계를 잘 맺고 살아가야 한다는 말입니다. 물론 그러기 위해서는 공감력이 반드시 필요합니다.

"준명이는 반 아이들의 인기를 한몸에 받고 있습니다. 잘 웃고 모범적이며, 모든 일에 열심히 하기 때문입니다. 그러나 시간이 지날수록 더 큰 이유가 있다는 것을 알게 되었습니다. 반에는 자신의 감정을 잘 표현하지 못해 친구들과 함께하는 놀이에 적극적이지 못한 내성적인 아이들이 있었습니다. 그런 아이들을 준명이는 따뜻하게 대해 주었습니다. 그들의 마음을 읽고 함께 놀자고 제안하는 준명이의 모습이 자주 관찰되었습니다. 그들은 줄을 서거나 짝

궁을 만들 때면 언제나 준명이와 하고 싶다고 했습니다."

준명이의 매력은 무엇일까요?

바로 다른 아이들의 마음을 공감해 주는 능력이 훌륭하다는 것이었습니다. 자신이 중심에 있지만 활동적인 아이뿐만 아니라 소극적인 아이들까지도 배려하며 함께 노는 것을 볼 수 있었습니다. 그렇기 때문에 친구들과 함께 어울리고 싶어도 소극적인 성격으로 인해 마음을 표현 못하는 아이들은 당연히 준명이를 좋아하고 고맙게 생각하지요.

이런 공감리더십이 어떻게 생겼는지 궁금해서 준명이 어머니에게 여쭤봤습니다. 어머니는 준명이의 감정을 제때 읽어 주려고 노력하셨다고 합니다. 아이가 기쁠 때는 엄마도 함께 기뻐하고, 아이가 속상해 할 때는 위로해 주셨다고 합니다. 이렇듯 부모가 아이 감정에 제때 공감해 준다면 아이는 바른 인성을 갖게 될 것입니다. 그리고 친구들의 마음을 제대로 읽을 수 있는 아이로 자랄 것입니다.

공감이 먼저입니다

홍양표 박사는《엄마가 1% 바뀌면 아이는 100% 바뀐다》에서 행복한 두뇌는 좌뇌와 우뇌가 적절하게 균형을 유지하는 전뇌인 상태라고 합니다. 즉 아이가 행복을 느끼기 위해서는 언어와 논리적인 사고를 담당하는 좌뇌와 오감과 느낌, 예술적 감각을 담당하는 우뇌가 서로 유기적인 관계를 유지하며 발달해야 한다는 것입니다.

많은 뇌 과학자들은 뇌발달의 적기에 대해 강조합니다. 10세 이전에 뇌발달이 활발하게 이루어지고, 이때 인성교육이 이루어지지 않으면 정상적인 삶은 힘들다고 주의를 주고 있습니다. 우뇌발달의 적기인 유아기에, 자신의 감정을 전달하는 능력과 타인의 감정을 느끼고 배려하는 공감능력을 키워 주어야 합니다. 그렇게 할 때, 아이의 두뇌는 지능과 감성 모두 조화를 이룬 균형 있는 상태가 됩니다. 이것이 행복한 두뇌인 것이지요.

제 딸을 키울 때 이야기를 할까 합니다.

"딸이 유아기 때였습니다. 어느 날 딸은 친구에게 섭섭한 게 있다고 하며 울면서 들어왔습니다. 왜 우냐고 했더니, 유치원 역할영역에서 엄마놀이를 하고 싶은데 친구들이 따라 주지 않는다는 겁니다. 아이의 이런 행동에 대해 저는 감정상태가 그때그때에 따라 다르게 반응하곤 했습니다. 아이의 감정에 공감하여 긍정적인 결과를 이끌기보다는 제 감정이 앞섰습니다. 바보같이 운다고 이성적으로 조목조목 따지며 울고 있는 아이를 질책했습니다. 그러다 보니 상황이 더 악화되었지요."

박재연은 《엄마의 말하기 연습》에서 관계를 회복하는 대화를 시작하기 위한 첫 단계는 '걱정과 불안 그리고 조급한 마음을 내려놓고 내 마음을 인정하고 알아차리는 것'이라고 했습니다. 자신의 마음을 위로하는 게 우선이라는 말이지요. 만약 자신의 감정 상태가 부정적이어서 본의 아니게 잔소리나 악담이 나올 것 같으면 감정을 정리한 후 천천히 관계 개선을 위한 대화를 하길 권합니다.

저는 아이와의 공감대화를 차분하게 진행하기 위해서 하던 일을 멈추고 저의 감정상태를 진정시킵니다. 마음을 진정시키기 위해 몇 번의 심호흡을 한 후, 아이에게 집중합니다. 그 다음 아이를 꼭 안아 줍니다. 아이의 입장에서 함께 공감해 주고 아이의 부정적인 감정을 진정시키기 위해서입니다. 온전히 아이의 편이 되어 주려 합니다. 무슨 일이 있어도 엄마는 너를 믿는다는 느낌을 아이가 강하게 받도록 합니다.

"우리 딸, 많이 속상했나 보다."

"네, 나는 친구들이랑 엄마놀이를 하고 싶은데 친구들이 안 놀아 줘요."

"저런, 친구들이랑 함께 엄마놀이 하고 싶었는데 친구들이 안 놀아줬다고?"

"네."

"엄마도 어렸을 때 너랑 비슷한 경험이 있었어. 엄마는 인형놀이 하고 싶었는데 친구들이 놀이터에 나가 놀자고 해서 많이 속상했던 적이 있었단다. 하지만 많은 친구들이 놀이터 가는 것을 원했기 때문에 엄마가 양보하고 다음에 친구들과 함께 재미있게 인형놀이를 했단다."

부모와의 공감대화를 통해 아이는 본인의 감정상태에 대해 정확하게 알게 되었고, 이야기보따리를 풀어 놓으면서 북받쳤던 감정을 정리하기 시작했습니다. 엄마가 아이를 공감해 주었듯이 딸아이도 친구들의 마음을 읽으려고 노력했습니다.

이렇게 자신의 감정을 타인으로부터 공감받고 행복을 느낀 아이는 다른 사람과 어울리며 지낼 때 그들의 감정을 먼저 공감해 줄 것입니다. 아이는 모든 사람들이 함께하길 원하는 행복한 사람으로 성장하게 될 것입니다.

UN '세계행복보고서2016'에서 세계에서 가장 행복한 나라는 덴마크라고 합니다. 김도영은 《T Times》에서 덴마크 사람들이 세계에서 가장 행복한 이유 가운데 하나는 바로 높은 공감능력 때문이며, 덴마크 학교에서는 공감능력을 키우기 위한 공감수업이 있다고 했습니다. 공감능력은 타고나는 부분도 있지만, 그것이 후천적 학습을 통해 더 강화될 수 있다는 증거입니다.

　우리 아이들을 진정으로 행복한 능력자로 키우고 싶으신가요?
　그렇다면 아이들의 공감능력이 잘 발달될 수 있도록 유아기부터 공감교육을 해 주세요. 부모가 공감교육의 중요성과 필요성을 알고 일상생활에서 실천한다면 아이들은 행복한 두뇌를 갖게 될 것입니다. 부모 또한 함께 성장할 것입니다.

아이의 그림은
우리 가족의
거울이다

        교실 환경구성을 할 때 미술영역을 제일 신경 씁니다. 왜냐하면 미술활동은 아이들의 성장과 발달에 큰 영향을 주기 때문입니다. 아이들은 그림을 그리거나 조형물을 만들면서 심미감을 발달시킬 뿐만 아니라 소근육, 언어, 사회성 등 다양한 영역을 발달시키게 됩니다. 아이들의 미술 결과물을 보고 부모나 교사는 그 아이들의 심리와 무의식의 세상을 들여다볼 수도 있습니다.

    제가 교사였을 때, 아이들의 그림을 보며 아이들의 생각과 이야기를 듣는 것을 즐겼습니다. 특히 창의적인 아이디어나 생활상의 어려움이 담긴 그림은 작품과 함께 나눈 이야기들을 꼭 기록해서 긍정적인 피드백을 주려고 노력했습니다. 이러한 작품 포트폴리오는 부모상담을 할 때 적절하게 활용했습니다. 상담을 질적으로 풍부하게 하여 부모와 교사 간의 공감대를 넓히는 도구가 되었습니다. 물론 상담에서 얻은 정보를 통해서 아이와 아이 가정에 대해 더 이해하고 도움을 줄 수 있었습니다.

100명의 아이들이 있다면 100가지의 다른 이야기가 있습니다. 아이들의 그림에서 사람의 표정과 행동, 위치 등을 눈여겨보세요. 아이들은 그림을 통해서 많은 이야기를 하고 있습니다.

5월은 가정의 달이라서 각 반마다 가족그림을 많이 그립니다. 저희 반도 가족들과 함께 즐거웠던 경험을 그리기로 했습니다. 그중 여섯 살 중기의 그림을 눈여겨보았습니다. 학기 초부터 중기는 사람을 까맣게 칠하곤 했습니다. 그날도 중기는 검은색으로 누군가를 작게 그리고 있었습니다. 평소에는 그 사람에 대해 물어보면 '몰라요.' 하고 대답하던 중기가 그날은 달랐습니다.

"중기야, 오늘도 검은 사람을 그렸네. 선생님이 누구를 그렸는지 물어봐도 될까?"

"아빠 그렸어요."

"우리 중기가 아빠를 도화지 끝에 그렸네. 왜 아빠를 여기에 그렸는지 이야기해 줄 수 있겠니?"

"아빠는 미국에 있어요. 그래서 볼 수 없어요. 엄마는 아빠가 싫대요."

저는 순간 망치로 머리를 맞은 듯 머리가 멍해지며 가슴이 먹먹했습니다. 잠시 그동안 중기의 언행에 대해 다시 되돌아보며 중기가 친구들과의 관계에서 왜 공감력이 부족했는지 이유를 알게 되었습니다. 중기 부모님과의 상담이 필요하다는 것을 느꼈습니다.

4월 어머니 상담 때 어머니는 아버지 존재에 대해 특별한 말씀이 없었습니다. 나중에 안 사실이지만 부부는 가정폭력으로 이혼상태였습니다. 그래서 중기에게는 아버지 존재에 대해 사실과 다른 이야기를 하고 계셨습니다. 어머니가 미리 교사와 상담했더라면 하는 아쉬움이 남았습니다. 그랬다면 아이의 배경과 심리를 더 잘 이해하고 아이의 마음을 충분하게 공감해 주었을 겁니다. 아이의 교육에 부모 외의 사람(교육기관 선생님)이 포함될 때는 그 사람 역시 아이에 대해 알고 있어야 합니다.

아이의 공감력 키우기가 어려운 이유 중의 하나가 부모의 감정 문제입니다. 부모가 먼저 부정적인 감정을 해결해야 합니다. 아이를 상대로 자신의 처리 못한 감정을 쏟아 내면 안 됩니다.

저는 중기 어머니에게 개인상담을 요청했습니다. 함께 중기의 그림을 보면서 아이의 유치원 생활과 심리상태에 대해 소통했습니다. 어머니는 자신의 이야기를 덤덤하게 풀어 놓으셨고, 중기 아버지에 대한 부정적인 감정을 아이에게 투영한 것에 대해 후회하셨습니다.

상담 후에 아이의 그림이 점점 밝게 변하는 것을 보면서 어머니가 아이의 마음과 감정을 공감해 주려고 얼마나 노력하고 있는지 충분하게 느낄 수 있었습니다.

'빗속의 아이 그림'을 그려 보세요

그림 검사를 통해서 아이들의 내면세계를 들여다볼 수 있습니다. 제가 자주 쓰는 검사는 PITR^{Person In The Rain}입니다. PITR은 빗속의 사람을 그리는 검사로, 현재 겪고 있는 스트레스의 정도와 대처능력을 측정하는 심리진단검사입니다.

'비'는 아이가 받고 있는 스트레스를, '비의 양'이나 '빗줄기의 강도'는 아이가 느끼는 스트레스의 양이나 압박감을 나타낸다고 볼 수 있습니다. 스트레스에 대한 아이의 대처 능력은 비로부터 자신을 지켜 내는 도구들인 우산, 우비, 나무, 기타 보호물 등으로 나타나게 됩니다.

PITR은 이렇게 진행됩니다.

❶ 8절지 정도의 흰색 도화지, 색연필이나 크레파스를 준비해 주세요.

❷ 아이에게 다음과 같은 지시문을 주세요. "비가 내리고 있습니다. 빗속에 있는 사람을 그려 주세요. 만화나 막대기 같은 사람이 아닌 완전한 사람을 그려 주세요."

❸ "그리고 싶은 대로 하면 됩니다. 자유입니다"라고 그림의 모양이나 위치, 크기, 방법에 대해 어떤 단서도 주어서는 안 됩니다.

❹ 그림을 그린 후 아이에게 다음과 같이 질문하고 기록하면 좋습니다.
"그림 속의 인물이 누구지요? 그 사람이 무엇을 하고 있지요?"

❺ 그림을 그린 후 그림에 대해 아이와 함께 이야기를 나눕니다.

— 미술심리상담가 서은숙 교수

PITR은 여러 학자들에 의해서 연구 및 수정되면서 유효성을 검증받고 있습니다. 아이들과 자연스럽게 활동하면서 검사할 수 있는 점이 장점입니다.

활동을 진행하다 보면 아이들이 쉽게 '비'에 대해 표현하는 것을 볼 수 있습니다. 그림 그리기 활동이 끝나고 아이들과 소통하면서 긍정적인 피드백을 줄 수 있습니다. 먼저, 아이들에게 직접 그림에 대해 설명하게 합니다. 이때 도움을 주기 위해서 저는 다음과 같은 질문을 합니다.

"이 친구는 무엇을 하고 있지요?"

"지금 이 친구의 기분은 어떨까요?"

"이 친구에게 필요한 것은 무엇일까요?"

아이들과 그림에 대해 이야기를 나누면서 자연스럽게 상담과정으로 연장할 수 있습니다. 현재의 그림이 나타나게 된 배경, 현재 겪고 있는 스트레스나 어려움에 대해 이야기를 나눌 수 있습니다. 자신이 활용할 수 있는 방어기제는 어떤 것이 있고, 어떻게 활용할 수 있는지에 대해서도 의견을 나누고 도움을 줄 수 있습니다.

주의할 점은 절대 아이들의 그림과 이야기를 단정 지으면서 판단하지 말아야 합니다. 아이들이 그림을 그리고 이야기하면서 스스로가 치유되는 과정을 경험하도록 돕는 것이 바람직합니다. 교사나 부모가 아이를 공감하는 모습을 보여 주고 긍정적인 피드백이 더해진다면 최고의 상담이 될 것입니다.

"부모님이 너를 위해 큰 우산을 준비해 주셨구나. 네가 부모님에게 감사의 표현을 하면서 행복해 하는 모습을 보니 선생님도 기쁘구나."

"비를 맞고 있는 강아지를 보면서 슬퍼하는 너의 모습을 보니 선생님도 안타깝구나. 그 다음에 너는 어떻게 할 생각이니?"

이러한 과정을 통해서 부모는 아이들이 생각하고 있는 가정의

PITR은 이렇게 해석할 수 있습니다.

· 비, 구름, 웅덩이, 번개 등은 스트레스를 나타냅니다.

· 우산, 비옷, 보호물, 장화, 밝은 얼굴 표정, 인물 크기가 큰 경우, 인물의 위치
  가 중앙인 경우 등은 스트레스 대처 자원입니다.

· 그림에 비는 내리지 않고 우산만 많은 경우는 스트레스 수준이 낮다고 볼 수
  있습니다.

· 많은 양의 비나 먹구름, 인물의 크기가 적절하지 않으며 이빨이 그려진 경우
  등은 스트레스 수준이 높다고 볼 수 있습니다.

환경과 부모와의 관계에 대해 알 수 있습니다. 아이들의 생각을 함
께 공감해 주고 화목한 가정을 꾸리기 위해 노력한다면, 우리 아이
들의 그림에는 빗줄기가 거의 없으며 밝게 웃고 있는 행복한 모습
의 가족만 있을 것입니다.

꾸준하게 그림일기를 그려 보세요

제 딸은 아동기일 때 일주일에 두 번 일기를 그림으로 그렸습니
다. 16절지 종합장에 자신이 느끼고 생각한 것들을 자유롭게 그려
보는 것이지요. 글쓰기가 자유롭지 못하기도 하고, 말로는 표현할

수 없는 것들을 그림으로는 자유롭게 표현하는 딸에게 저는 이 활동을 꾸준하게 할 수 있도록 격려했습니다.

아이는 연필과 색연필을 이용해서 한 장에 그림을 그리기도 하고 시리즈로 여러 장을 그리기도 했습니다. 때로는 만화처럼 한 장에 여러 칸을 나누어서 이야기를 만들기도 했지요. 다 그리고 난 후에는 본인의 그림을 이야기로 풀어 주기도 하고 그때의 감정들을 여과 없이 쏟아 내기도 했습니다.

그때마다 저는 아이의 이야기에 경청하려고 노력했습니다. 비판하거나 문제를 해결해 주기보다는 아이의 마음과 감정에 공감하려고 노력했습니다. 그리고 아이의 그림을 보면서 격려하고 지지했습니다.

아이의 그림에는 가족들과 행복한 시간을 보내는 모습이 담겨 있었습니다. 엄마에게 싫은 소리를 들었을 때는 엄마의 잔소리가 그림에 표현되도록 엄마의 입이 아주 크게 묘사되어 있기도 했습니다. 재미있게 놀아 주는 아빠의 모습이 반복되어 그려질 때는 아이랑 많이 놀아 줘야겠다고 반성하며 아이를 이해하려고 노력했습니다.

때때로 아이는 종합장이 아닌 화이트보드에 그때의 생각이나 마음을 그려 놓기도 했습니다. 여름이 무르익어 갈 때 아이의 방에서 저는 가슴 아픈 그림을 발견했습니다. 네 명의 여자 친구들과 줄넘기를 하고 있는 딸아이가 그림으로 표현되어 있었습니다. 두 명씩 짝을 지어서 즐겁게 줄넘기를 하고 있는 친구들 옆에 딸아이는 혼자 서 있었습니다. 심지어 아이의 머리 위로는 반쪽이 된 하트가 그려져 있었습니다. 그 무렵 아이는 이른 저녁을 먹고 집 앞 소공원에서 친한 친구들과 저녁마다 줄넘기를 했었습니다. 저는 이 그림을 보고 '아이가 교우관계에 어려움을 겪고 있구나!' 하고 느낄 수 있었습니다.

"소영아, 요즘 친구들과 공원에서 줄넘기 하는 거 어때?"

"음⋯."

"엄마가 오늘 화이트보드에 있는 그림을 봤는데, 너 머리 위로 반쪽 하트가 그려져 있더라. 그림에 대해 엄마에게 말해 줄 수 있겠니?"

다섯 명이 한 팀이 되어 줄넘기를 연습했습니다. 그러다 보니 짝꿍끼리 하는 줄넘기인 경우에는 아이가 소외감을 느끼는 모양입니다. 그뿐만 아니라 친구 모임도 홀수이기에 생활 속에서 속상할 때가 종종 있었다고 합니다. 저는 그림을 보며 아이의 감정에 공감해 주려고 노력했고, 아이는 이야기를 하면서 본인이 친구들 사이에서 어떻게 행동해야 하는지를 정리해 나갔습니다.

어쩌면 아이들은 그림을 통해서 엄마, 아빠에게 소통하고자 신호를 보내고 있는지도 모르겠습니다. 항상 아이의 그림에 관심을 갖고 대화하고자 노력하면서 아이의 감정에 공감해 주세요. 아이들은 그림을 그리면서 부정적인 감정을 긍정적인 감정으로 바꿀 수 있습니다. 부모가 판단하지 않고 그저 이야기를 듣고 격려해 주는 것만으로도 스스로 감정을 정화시킬 수 있습니다. 그런 시간은 공감력을 자연스럽게 배울 수 있는 기회가 될 것입니다.

공감력을 키우려면
기본 생활 습관부터
바꿔라

두뇌학자 홍양표 박사는 《엄마가 행복해지는 우리 아이 뇌 습관》에서 인간의 뇌가 아는 뇌에서 쓰는 뇌로 바뀌는데 100일이 걸린다고 하였습니다. 유아기는 기본 인성을 올바르게 만드는 적기이므로 기본 생활 교육이 강조되어야 합니다. 그중 유아교육 기관과 연계해서 교육할 수 있는 세 가지로, 〈배꼽 손 인사하기〉, 〈어른 먼저 드세요〉, 〈존댓말 사용하기〉를 제안했습니다.

〈배꼽 손 인사〉는 상대방을 존경하는 마음을 담아서 공손하게 두 손을 배꼽 위치에 모으고 허리를 굽혀서 인사하는 방식입니다. 대부분의 아이들은 인사를 하면서 "선생님, 안녕하세요?"라고 말합니다. 여기에 저는 공감언어를 추가합니다.

"사랑하는 선생님, 안녕하세요?"

"사랑하는 소영이, 환영합니다. 오늘도 행복한 하루 되세요."

"사랑하는 선생님, 안녕히 계세요."

"사랑하는 소영이, 행복한 주말 보내고 월요일에 건강하게 만나요."

"사랑하는 엄마, 다녀왔습니다."

3개월을 천천히 꾸준하게 큰소리로 반복하다 보면 자연스럽게 선생님을 사랑하고 존경하게 됩니다. 인사하는 습관도 체화되어 자동으로 공손하게 인사를 하게 됩니다. 어른들에게 예의바르게 인사해야 한다는 걸 '아는 뇌'에서 몸으로 실천하는 '쓰는 뇌'로 바뀐 것이지요. 이렇게 되기까지는 많은 인내와 시간이 요구됩니다. 하지만 그 결과는 보람을 느끼게 하고 서로 간에 공감대를 형성할 수 있는 행복감을 충만하게 만들어 줍니다.

인사로 감사 표현하기

한 해를 마무리 하는 12월쯤, 교사들은 교사로서의 보람을 느낄 때가 많습니다. 아이들이 유치원 현장에 적응을 잘하고 3월부터 교육해 온 기본 생활 습관이나 유치원 규칙들이 잘 지켜지는 것을 매일 볼 수 있기 때문입니다. 아이들도 당연한 듯 서로 배려하며 질서를 잘 지킵니다. 친구들과의 관계도 서로 양보하고 친하게 지내며, 유치원 여기저기에서 예쁜 말이 자주 들립니다.

추운 겨울날 담임선생님들과 함께 아이들 하원 지도를 하고 있었습니다. 만 3세 반 수료를 앞두고 있는 별이는 신발을 스스로 갈아 신고 정자세로 두 손을 배꼽에 가져갑니다. 그리고 저와 담임선생님을 반짝이는 두 눈으로 바라봅니다. 우리는 아이와 눈 맞춤을 한 후 아이의 말에 경청하려는 자세를 보였습니다.

"선생님, 사랑으로 저희를 가르쳐 주셔서 감사합니다."

저와 담임선생님은 순간 얼음이 되었고 코끝이 찡해지는 감동을 느꼈습니다. 기대했던 것보다 더 훌륭하게 성장해 있는 별이의 인사말을 들으며, 서로 간의 공감과 사랑이 쑥쑥 자라고 있었음을 확인할 수 있었습니다.

함께 계시던 별이 어머니도 예쁘고 바르게 자라고 있는 별이를 자랑스러워하셨습니다. 저는 궁금해서 담임선생님과 별이 어머니에게 물어보았습니다. 혹시 별이가 이렇게 감사 표현을 하도록 교육을 했느냐고요. 담임선생님은 따로 교육한 적은 없다고 하셨습니다. 2학기가 되면서 별이의 기본 생활 습관이 몸에 배고 예쁜 말을 잘하게 되었다고 합니다.

어머니도 특별히 강조하신 적은 없다고 하셨지만 저는 그 답을 찾을 수 있었습니다. 평소에 별이 어머니는 교사들의 노고에 대한 공감과 감사 표현을 자주 하셨습니다. 그 모습 속에서 별이도 자연스럽게 공감언어를 배웠을 겁니다.

교사들이 아이들에게 긍정적인 언어로 사랑 표현을 매일 꾸준히 했으니 서로의 맘을 이해하고 공감을 표현하는 것은 당연한 것이 아닐까요.

'상대가 나에게 베푸는 배려, 친절, 돌봄에 공감하고 감사를 표현하기', '자신이 많은 걸 받고 있다는 걸 깨닫고 상대방의 고운 마음에 공감하며 감사하기'는 하루아침에 이루어지지 않습니다. 부모가 꾸준하게 본보기가 되어 아이들이 몸에 익힐 수 있도록 도와주셔야 합니다.

하루 한 끼는 가족이 함께 식사하기

우리 가족의 저녁 식탁 모습은 어떤가요?

온 가족이 둘러 앉아 웃음꽃이 피는 따뜻한 분위기가 연상된다면 참 좋겠습니다. 하지만 맞벌이 가정이나 엄마 혼자 독박 육아를 하고 있는 가정이라면 현실과의 괴리를 느낄 수도 있습니다.

저도 아이가 아동기일 때는 실천하기 어려운 희망사항이었어요. 직장에서 한창 적응하고 열심히 일해야 하는 남편은 아이의 저녁 식사 시간에 맞추어서 퇴근하기가 쉽지 않았습니다. 아이의 발달 단계를 고려해 저녁 6시에 식사를 하고 8시에 잠자리에 들게 하기 위해서는 하루 일과를 저녁 8시 안에 끝내야 합니다. 그러다 보니 저녁식사를 아빠와 함께하는 날이 흔치 않았어요.

그럼에도 불구하고 최소한 하루에 한 끼는 가족이 함께해야 합니다. 가족을 다른 말로 식구食口라고도 하지요. 한 집에서 함께 식사를 하는 사이를 의미합니다. 함께 맛있는 식사를 하면 서로 간의 공감대를 가장 효과적으로 형성할 수 있습니다. 행복 호르몬도 많이 나온다고 합니다. 아이들이 클수록 함께 식사할 수 있는 기회는 점점 사라지게 됩니다. 또 식사를 하면서 가족 구성원을 서로 챙기고 윗사람을 공경하는 식사 예절 교육도 할 수 없습니다.

자, 오늘부터 이렇게 해 보면 어떨까요?

식사 준비를 함께하고 다 같이 모여 앉아 식사를 하기 전에 감사 기도나 '잘 먹겠습니다'라는 감사 표현을 합니다. 가장으로서의 아빠의 위상을 높여 주기 위해서 '아빠, 먼저 드세요'를 엄마와 아이가 함께 실천합니다. 맛있는 것을 먹거나, 식사 시간에 아빠가 없을 경우에도 '이건 아빠를 위해서 남겨 놓아요.' 하고 아빠를 생각하는 마음을 표현합니다.

이렇게 매일 실천하다 보면 식사를 함께할 수 있다는 감사의 마음과 함께 부모님을 공경하는 태도와 공감대가 형성될 겁니다. 더구나 가족이 함께하는 식사는 학업에도 영향을 미쳐 높은 성적을 받을 확률이 높고, 과일, 채소 섭취율이 높다는 연구결과가 있습니다. 한편 아이들은 밥을 먹으며 부모와 대화하고 존댓말 등 다양한 단어를 익히기도 한다는 신문 기사도 있습니다.

존댓말의 힘

아이들은 태어나서 부모와의 상호작용을 통해 자연스럽게 언어를 배웁니다. 부드러운 목소리로 예의 바르게 존댓말을 사용하면 그대로 따라하게 됩니다. 부모에게 존댓말로 대화하는 아이들을 보면, 서열이 확실하게 존재하고 있음을 알 수 있고, 서로를 존중하고 있다고 느끼게 됩니다.

만 다섯 살인 건희는 엄마의 늦은 퇴근으로 마지막으로 하원을 했습니다. 어른들에게 항상 예의 바르고 존댓말을 쓰는 건희가 늘 기특하고 자랑스러웠습니다. 하지만 그날은 엄마에게 자신의 불만을 토로하고 있었습니다.

다른 아이들 같으면 엄마에게 미운 말로 울면서 떼를 썼을지도 모르겠습니다. 하지만 건희는 존댓말로 조곤조곤 말하고 있었습니다. 속상한 마음을 표현하고 있지만 엄마에 대한 존경하는 마음과 예의는 갖추고 있었습니다.

저는 이런 건희가 정말 자랑스러웠습니다. 많은 업무로 지쳐 보이던 건희 어머니도 건희가 존댓말을 사용해서인지 건희의 마음을 충분하게 공감해 주었습니다.

가까운 가족 관계일수록 존댓말 사용이 더 필요합니다. 부모와 아이 관계뿐만 아니라 부부관계에서도 높임말의 영향력은 큽니다. 부부가 먼저 경어체를 사용하는 모습을 자녀들 앞에서 보여 주세요. 부부간에 서로 예의를 갖추게 될 뿐만 아니라 존경하는 마음이 점점 커지는 것을 느끼게 될 것입니다.

부모를 공경하는 아이들을 보면 서로를 존중하고 있다는 걸 느낍니다.

놀이 학습은
'최고의 공감력'
키우기

　　　　　대학교 1학년 '놀이와 아동' 과목의 첫 수업 시간이었습니다. 교수님은 이런 질문을 하셨습니다.

　"12개월 정도 된 영아가 식탁 의자에 앉아서 숟가락을 계속 바닥에 떨어뜨린다면 이 현상을 어떻게 설명할 수 있을까요? 영아기 아이를 둔 가정에서는 자주 볼 수 있는 장면입니다."

　갓 대학에 들어간 새내기인 학생들은 질문에 제대로 답하기가 쉽지 않았습니다. 아이가 밥 먹기 싫어서 그러는 것이라면 식탁예절을 엄격하게 가르쳐야한다는 답변이 나오기도 했지요. 정답은, 아이는 놀이를 하고 있다는 것이었습니다.

놀이는 곧 여러 가지를 배우는 학습과도 같습니다. 아이가 잡았던 숟가락을 놓자 숟가락은 아이의 시야에서 사라집니다. 아이는 없어진 숟가락의 존재 자체가 없어졌다고 생각할 수 있고, 떨어진 바닥을 보면서 어디로 떨어지는지를 관찰할 수도 있습니다. 이때 부모는 떨어진 숟가락을 씻어서 다시 준비해 줄 수도 있겠지요.

이런 과정들이 아이에게는 재미있는 놀이가 될 수 있습니다. 반복되는 과정 속에서 숟가락은 사라지는 것이 아니라 다른 공간으로 이동했다는 것을 학습하게 됩니다. 즉, 아이는 손에서 사라진 숟가락이 없어진 게 아닌 바닥 어딘가에 떨어져 있다는 '대상영속성 개념'을 놀이를 통해서 배우고 있는 겁니다.

'대상영속성 개념'이란? 존재하는 물체가 어떤 것에 가려져 보이지 않더라도 그것이 사라지지 않고 지속적으로 존재하고 있다는 사실을 말합니다. 피아제는 아이들의 인지발달에 중요한 '대상영속성 개념'이 영아기에 걸쳐서 완전하게 발달된다고 했습니다.

첫 수업에서 배운 놀이에 대한 개념은 유아교사로서 저의 인생에 제일 중요한 교육철학이 되었습니다. 놀이는 바로 학습이라는 거지요. 그래서 저는 아이들에게 재미있는 놀이, 즉 활동 환경을 제시해 주어 흥미도를 높였고, 활동을 계획할 때는 항상 교육목표를 가지고 아이들이 발달할 수 있는 의미 있는 시간을 제시하도록 노력했습니다.

엄마와 아빠랑 자전거를 타고 있어요(황서진, 만 5세).

아이들은 놀이를 통해서 에너지를 방출하며 스트레스 해소하기, 역할놀이를 하면서 사회성과 공감능력 기르기, 의사소통을 하면서 언어발달 촉진시키기, 대소근육을 발달시키기 등등 여러 가지 장점을 경험하게 됩니다. 그중 제가 놀이에 주목하고 현장에 적용하려고 노력한 것은 유아의 흥미도입니다.

유치원 현장에서는 놀이와 혼용되어 활동이라는 표현을 더 자주 사용합니다. 활동은 유아의 흥미도를 고려하면서 교육적인 측면을 강조하는 용어입니다.

저희 유치원은 활동 중심 통합교육을 합니다. 즉, 아이들이 활동하면서 배우고, 여러 가지 활동을 통해서 아이들의 다양한 발달을 돕습니다. 예를 들면, 아이들이 물고기에 대해 학습하고자 할 때는, 과학 활동으로 수족관에 있는 물고기의 형태와 움직임에 대해 관찰하게 합니다. 언어 활동으로는 관찰한 물고기에 대해 이야기를 나누는 시간을 갖습니다.

친구들과 협동하여 큰 도화지 위에 아름다운 물 속 세상을 물감을 이용하여 그려 볼 수도 있지요. 다 완성된 물 속 세상 그림을 배경으로 헤엄치는 물고기 신체 활동을 해 볼 수도 있습니다. 물고기의 움직임을 표현해 보면서 대소근육을 발달시킬 수 있습니다.

산에서 술래잡기를 했어요(이웅서, 만 5세).

여러 가지 재미있는 활동을 통해서 아이들은 흥미를 가지고 물고기에 대해 배우게 됩니다. 아이들이 자기주도적으로 몸을 움직이면서 활동을 하니 그 시간들이 행복한 것은 당연한 것이겠지요.

유아교육의 선구자 프뢰벨은 놀이 경험의 중요성을 다음과 같이 강조합니다.

"피곤하고 지칠 때까지 놀이에 열중하는 아이는 어른이 되면 타인의 행복을 위해 헌신적으로 노력하게 된다. 또한 자기 자신도 행복한 사람이 된다."

우리 아이들을 행복한 사람으로 성장하도록 돕기 위해서는 아동기에 충분하게 놀이를 할 수 있는 환경을 만들어 주는 것이 필요합니다. 많이 놀 수 있게 해 주세요.

놀이를 통해 세상을 공감하게 해 주세요

얼마 전에 TV에서 재미있는 광고를 본 적이 있습니다. 아이가 엄마, 아빠와 함께 집에서 숨바꼭질을 하는 모습이 나옵니다. 아이는 계속 부모를 찾으러 다니고 부모는 각자 몸을 숨기지요. 카멜레온이 주변 환경에 따라 수시로 자신의 몸을 변색하듯, 부모는 아이

가 찾지 못하도록 변합니다. 부모들은 숨어서 스마트폰으로 게임
도 합니다.

제 딸이 어렸을 때 저와 남편도 에너지가 왕성한 딸과 계속 놀
아 주는 것이 힘들어 광고처럼 숨바꼭질을 한 기억이 떠오릅니다.
저희는 광고 내용과 반대로 아이를 숨게 하면서 쉬는 시간을 벌었
습니다. 5분 정도의 시간이었지만 아이는 신나서 숨을 곳을 찾으
러 다녔고 우리는 잠깐이라도 호흡을 가다듬을 수 있는 휴식이 되
었죠.

지금 생각하니 육아의 고단함을 줄여 보려고 요령을 피웠던 것
입니다. 그때 '더 재미있게 놀아 줄 걸.' 하는 반성도 해 봅니다. 지

일상생활에서 아이와 놀이할 때 유념해야 할 4가지

❶ 많은 시간 동안 함께 놀이하는 것보다는 짧은 시간이라도 질적으로 의미 있
게 놀아 주자.

❷ 함께하는 시간 동안 아이 분만이 아니라 가족 모두가 즐기면서 행복한 시간
을 만들자.

❸ 부모 중심이 아니라 아이가 주도적으로 놀이 할 수 있는 기회를 자주 주자.

❹ 부모와 함께하는 놀이도 중요하지만 또래와 놀 수 있는 기회를 자주 만들어
주자.

아이들은 놀이를 통해서 세상을 배웁니다.

금 한창 유아기의 아이들을 키우는 부모들은 충분히 공감할 수 있는 내용일 것입니다. 평소에 아이들과 많은 시간을 놀아 주지 못해서 아이들에게 미안함을 느끼기도 할 것입니다.

아이들은 놀이를 통해 세상을 배웁니다. 사람과의 관계, 자연과의 호흡, 주변 환경과의 적응하는 법을 긍정적으로 생각하게 됩니다. 특히 유아기의 아이들은 사람과의 관계를 부모를 통해서 처음으로 배우게 되고, 놀이를 통해 긍정적인 관계를 형성합니다. 그래야 아이와 부모는 서로 돈독해지고 유대감이 강해지며, 공감할 수 있는 부분이 많아지는 경험을 하게 되니까요.

그렇다면 놀이 활동을 할 수 있는 최적의 장소는 어디일까요?

자연입니다. 아이들은 자연 속에서 오감을 제일 많이 느낍니다. 자연과 함께 공감할 수 있는 기회를 많이 주세요. 자연환경 속에서는 자연스럽게 생명의 소중함도 배우게 되니까요.

영아기를 지나 유아기가 되면 가정에서 벗어나 조금 더 큰 사회를 경험하게 됩니다. 유아교육 기관을 다니게 되고 지역 사회와 마주하게 되지요. 이때 새로운 주변 환경과의 관계는 놀이를 하듯 재미있습니다. 더구나 긍정적인 경험과 활동을 통해 많은 걸 배우게 됨으로써 아이는 공감대를 가지고 행복하게 적응할 것입니다.

일일이 공감하기엔 너무너무 바쁘다고요?

세상에서 엄마라는 호칭보다 더 좋은 게 있을까요? 저 역시 딸아이가 저를 처음 불러줬을 때는 세상을 다 가진 것 같이 기뻤습니다.

"마마, 맘마"

오물거리는 입술과 순수한 눈망울이 너무 사랑스러웠습니다. 이 아이를 위해서는 무엇이든지 하리라는 비장한 마음과 함께 아이의 언어와 행동에 초집중을 하고 반응을 했습니다. 아이의 마음을 공감하며 노력하는 거지요.

그러나 집중해서 일을 빨리 처리해야 할 때와 컨디션이 좋지 않을 때는 다릅니다. 아이가 엄마라고 저를 부를 때 저는 속으로 노래를 합니다.

"부르지 좀 마~~~ 나의 이름을~~~."

소중함은 사라지고 귀찮아지는 거죠.

《아름다운 부모들의 이야기》의 저자 이민정 선생님은 유치원 강연에서 사랑의 반댓말은 게으름이라고 정의했습니다. 거듭 말해서 사랑은 물이나 음료가 필요한 사람이 있다면 그 사람의 마음을 읽고 미리 준비해 주는 거지요. 사랑하는 마음을 부지런한 행동으로 표현하는 겁니다.

진정으로 사랑한다면 그 사람에게 집중해서 그 사람의 말을 경청하고 공감해 주며 행동으로 표현해야 합니다. 한번 생각해 보세요. 아이에 대한 내 사랑이 게으름으로 바뀐 것은 아닌가? 혹은 정말 소중한 아이인데, 바쁜 일상에 파묻혀 아이에 대한 첫사랑을 잊어버리진 않았는가?

첫 마음을 회복하고 우리 아이를 사랑하고 공감해 주세요. 엄청난 비용을 들여 교육시키는 것보다 아기 때부터 부모의 공감교육이 더 큰 위력을 발휘합니다.

임신 5개월이 지난 새벽, 아이는 엄마라는 우주에서 '뚜뚜' 하고 첫 신호를 보냈습니다.

"엄마 반가워요!"

모든 엄마들이 그러하듯 저도 아이가 보내는 첫 태동은 잊을 수가 없습니다. 그 순간 '일방적이던 사랑에 아이가 공감해 주고 있구나!' 하고 느꼈습니다. 지난날 겪었던 일들이 하나하나 감동적인 순간으로 떠오르자 저도 모르게 눈물이 쏟아졌습니다.

결혼 후 기다리던 아기 소식이 없어서 불임클리닉을 다니며 귀하게 얻은 우리 아가!

임신 테스트기에 그어진 선명한 두 줄을 보며 신랑과 감동의 눈물을 흘렸던 순간, 임신을 하고 심한 입덧으로 그토록 원하던 임신임에도 지옥같았던 시간들이 영화처럼 지나갔습니다. 이 모든 것이 아기에 대한 첫사랑의 시작이었습니다.

뱃속 아기를 위한 사랑은 참 부지런했습니다. 태아에게 좋다는 것은 먹기 싫어도 챙겨 먹었습니다. 매일 두세 잔은 꼭 먹었던 커피도 그리워만 할 뿐 멀리 하려 노력했습니다. 아기를 위해 클래식 음악도 챙겨 듣고 아기의 두뇌 집중력과 산모의 마음 수양에 좋다는 아름다운 그림의 퍼즐도 시간을 내어 맞추었습니다.

바른 생각과 예쁜 말만 하려 했으며 자주 소리 내어 웃었습니다. 제가 웃으면 아기도 분명히 행복할 거라고 믿었습니다. 그림동화책도 편안한 목소리로 읽어 주고 밝은 동요도 많이 불러 주며, 뱃속 아기와 공감하기 위해 많이 애썼습니다.

아이가 태어나면서 공감교육은 본격적으로 시작됩니다. 아이들은 배가 고프고 기저귀가 축축하거나 졸리면 밤낮을 가리지 않고 울음으로 엄마, 아빠에게 이야기합니다. 초보 부모들은 아이들의 요구를 이해하기 어렵거나 익숙하지 않아서 애가 타기 쉽습니다.

저도 밤낮이 바뀐 아이의 요구에 매번 반응하는 것이 힘들었습니다. 첫사랑의 소중함은 바쁜 일상과 피곤함으로 인해 점점 무뎌지기 시작했습니다. 아이 밖에 모르던 관심은 무색해지리 만큼 뒷전으로 밀리는 것을 종종 발견할 수 있었습니다.

많은 유아교육 학자들은 이같이 말합니다.

"어린 아이가 기본적인 욕구를 울음으로 표현할 때 부모가 즉시 공감해 주고 일관성 있게 반응해 주어야 한다."

그렇게 할 때 아이는 부모에 대해 신뢰감을 갖게 되며 이 세상이 살 만한 곳이라는 믿음을 가지게 됩니다. 부모의 신뢰감 있는 태도가 자연스럽게 공감교육으로 연결되는 거지요.

"언니, 이 카드 내용 좀 봐."

동생은 상기된 얼굴로 감사카드를 보여 줍니다. 어버이날이라고 일곱 살 조카가 쓴 글이랍니다.

"엄마, 저를 죽을 힘을 다해 낳아 주셔서 정말 감사합니다."

동생은 노산이라고 불릴 수 있는 나이에 정말 하늘이 노래지도록 오랜 진통을 겪으며 예쁜 조카딸을 낳았습니다. 그래서인지 출산 후에 몸이 빨리 회복이 되지 않고 지금도 여기저기 아픕니다.

그래서 그럴 때마다 입버릇처럼 엄마는 너를 정말 죽을 힘을 다해 낳았다고 조카에게 이야기를 합니다. 자칫 아이에게 부담이 될 수 있지만, 동생은 이런 표현을 할 때마다 조카를 꼭 안아 주며 '사랑해!' 하고 말합니다. 출산할 때를 생각하면서 육아와 일상의 힘듦을 지우고 조카에 대한 사랑과 소중함을 되새기는 거죠.

말은 생각의 씨앗입니다. 이 씨앗은 아이의 두뇌에서 싹을 틔우고 마음에서 자라 열매를 맺습니다. 조카는 엄마가 정말 자기를 낳기 위해 최선을 다했고, 그만큼 엄마에게 자신이 너무 소중하다고 느꼈을 겁니다. 조카는 평소 엄마의 마음을 공감했기에 감사카드에 엄마에 대한 본인의 마음을 썼겠지요.

아이에게 부모의 마음을 항상 표현해 주세요. 처음에는 어색할 수 있습니다. 그러나 3개월만 반복해서 노력한다면 우리 두뇌는 훈련이 되어 자연스러워질 겁니다. 부모 스스로가 편해지는 것을 느낄 수 있으며, 동시에 행복감이 몰려올 겁니다.

"너를 정말 사랑한단다."

"너를 진심으로 믿는다."

"넌 너무 소중한 존재란다."

"네가 너무나 자랑스럽구나."

"고맙다."

"네가 있어서 행복하구나."

이러한 표현들이 아이와 부모의 사랑이 여전히 진행 중임을 공감하게 해 줄 겁니다.

공감으로 사랑을 유지하세요.

2부

우리 아이
행복한 두뇌를 만드는
공감력 키우기

지금부터
"아! 그렇구나"라고
말해 주세요

몇 년 전 TV에서 에모토 마사루라는 일본 사람이 '말의 힘'에 대해 인터뷰하는 것을 본 적이 있습니다. 그는 2008년에 좋은 말과 나쁜 말을 들려줄 때 일어나는 물의 결정 변화에 대해 발표하면서 세간의 이목을 받았던 사람입니다.

'감사합니다!' 하고 쓴 물의 결정은 아름답고 깎아 놓은 조각품 같았으며, 반면에 '나쁜 놈!'이라고 쓴 물의 결정은 형체를 알아볼 수 없었고 미웠다고 합니다. 그러면서 물이 가장 좋아하는 말은 '사랑', '감사'라고 했습니다.

물론 실험결과를 보면서도 믿기 힘든 부분이 있었지만, 유아교육 현장에서 긍정적이고 호감가는 말이 주는 영향력을 충분히 느꼈기에 공감할 수 있었습니다.

에모토 마사루는 또 실험결과에 대해 이렇게 해석했습니다.

"물이 감정 있는 것은 아닙니다. 물은 사람의 마음 거울입니다. 그래서 물에게 화를 내면 물이 곧 화를 냅니다. 제가 기분이 좋으면 물도 기분이 좋습니다."

"물을 포함하고 있지 않은 것은 이 세상에 없습니다. 아무리 단단한 광물이라도 약간의 물을 포함하고 있습니다. 이 실험결과를 지지하는 사례로, 와인을 만드는 사람이 포도 또는 술통에 들어가 있는 와인에다 모차르트 음악을 들려주고 있는 일은 실제로 여러 곳에서 행해지고 있습니다."

우리들 생활 속에서도 이와 비슷한 사례가 많습니다. 사랑과 관심을 가지고 가꾸는 식물은 잎의 색깔이 예쁘고 보석처럼 빛을 발하지요. 하물며 이 세상에서 가장 소중한 우리 아이들이야 더 말해서 뭐하겠습니까?

아이가 세상을 살아가면서 정말 알아야 할 것들은 유년기에 부모와의 대화를 통해 배우게 됩니다. 특히 유아기는 부모의 영향력이 매우 큽니다. 부모가 아이의 마음을 공감해 주면서 긍정적인 표현을 사용한다면 아이는 이 세상을 행복하게 바라보게 될 겁니다.

나는 빨간 구두가 좋아요

아침마다 등원 지도를 할 때는 항상 설레고 힘이 납니다. 아침에 일어나서 컨디션이 좋지 않을 때도 유치원에서 등원 인사를 나누고 아이들을 포옹하다 보면 어느새 땀이 나고 기분이 좋아집니다.

오늘도 다섯 살 채은이는 오른쪽과 왼쪽을 다른 운동화로 신고 등원했습니다. 채은이 어머니는 아이의 이런 행동을 이해할 수 없다고 하면서 '아이가 하도 고집을 피워서 할 수 없이 이렇게 올 수밖에 없었다'고 합니다.

"채은아, 오늘은 신발을 다르게 신고 왔네. 왜 이렇게 신고 왔는지 선생님에게 말해 줄 수 있겠니?"

"그냥 재미있어요."

"아! 그렇구나. 선생님도 재미있어 보이네. 그런데 선생님이 채은이의 발이 아플까봐 걱정이 되는데, 괜찮니?"

"네."

채은이의 생각이 신통방통해서 저는 웃으며 창의적이고 독특한 생각이라고 칭찬해 주었습니다. 채은이는 그 뒤로 한두 번 서로 다른 신발을 신고 등원하더니 흥미가 없어졌는지 더 이상 반복하지 않았습니다.

저는 아이들의 안전에 큰 문제가 되지 않는다면 아이들이 원하는 대로 그냥 두는 편입니다. 하지만 많은 부모들은 자신들의 잣대로 재다 보니 원칙에서 벗어나면 당황합니다. 아이들의 마음을 들여다보기보다는 부정적인 표현으로 아이들을 질책합니다.

훈이 어머니는 훈이가 다섯 살 때 누나의 빨간 구두를 신고 등원하고 싶다고 해서 할 수 없이 신겨서 보냈다고 하소연을 하셨습니다. 저는 이 생각도 아이가 가질 수 있는 생각이라고 충분히 공감해 주었습니다.

어느 날 빨간 구두를 신고 유치원에 왔기에 훈이에게 물어보았습니다.

"빨간 구두 신으니까 기분이 어때?"

평소 누나의 빨간 구두가 예뻐 보였던 훈이는, 누나의 구두를 신으면 기분이 좋아진다고 하면서 친구들에게 자랑하기 위해 신고 왔다고 말합니다. 저는 훈이의 그 마음에 공감해 주고 기분이 좋은 훈이를 보니 선생님도 기쁘다고 이야기해 주었습니다.

훈이는 여섯 살이 되자 더 이상 누나의 구두에 관심을 갖지 않았습니다. 훈이의 다섯 살 때 행동에 대해 남자아이가 여자 구두를 신는다고 안 된다고 한다면 아이는 부모가 자신의 마음을 공감해 주지 않는다고 느낄 겁니다.

이 시기는 자아중심적이면서도 호기심과 상상력이 왕성할 때입니다. 이성적이고 논리적인 표현보다는 아이의 감정을 공감해 주는 것이 선행되어야 합니다.

유치원에는 아침마다 적절하지 않은 옷을 입고 등원하는 친구들이 많습니다. 망사가 발끝에서 찰랑찰랑 끌리는 공주 원피스, 망토가 등 뒤에 늘어진 영웅들의 옷, 발레리나 나풀나풀 의상, 결혼식 신부 레이스 두건, 한겨울에 여름 옷 등 형형색색 많이 보입니다.

유치원에서 여러 해 근무하다 보면 아이들 덕분에 웃는 일이 참 많습니다. 아이들의 독특하고 창의적인 생각들이 사랑스럽습니다. 아이들은 엄마, 아빠의 영향력을 많이 받습니다. 때문에 잠깐 독특한 행동을 하지만 이내 평상시 행동으로 돌아옵니다. 다시 언급하지만, 저는 안전상에 문제만 없다면 모든 게 다 좋다고 생각합니다. 그래야 커서도 본인들에게 잘 맞는 의상을 개성 있게 선택할 수 있지 않을까요.

제 딸도 여섯 살 때 몸치장에 관심이 많았습니다. 특히 치마입기를 좋아했습니다. 그러다 보니 아침마다 옷을 정해서 입기가 힘이 들었죠. 정해진 등원 시간에 맞춰야 하는데, 딸의 요구를 다 들어 주기에는 시간이 항상 촉박했습니다. 이런 상황들은 저를 조바심 나게 만들었습니다.

그래서 저는 아이와 함께 이 문제에 대해 소통하면서 타협점을 찾았습니다. 아무리 바쁘더라도 전날 저녁에 내일 입고갈 옷을 미리 골라 놓는 것이었습니다. 그러면 바쁜 아침시간에 실랑이를 벌이지 않고 아이의 마음을 존중하면서 행복하게 등원을 준비할 수 있으니까요.

아이의 마음을 이해하고 충분하게 공감해 주기 위해서는 시간적인 여유가 있어야 합니다. 바빠서 쫓기다 보면 아무래도 아이의 입장에서 행동과 말을 하기보다는 부모의 지시가 앞설 수 밖에 없습니다.

흔들리는 눈빛

유치원에는 해마다 다양한 유아들이 등원합니다. 10년 전만 해도 기관 경험이 전혀 없는 유아들이 만 3살 반에 입학하곤 했습니다. 그래서 기본 생활 습관 교육을 하기도 전에 부모와 떨어지는 훈련을 하는 것이 어려운 과제였습니다. 새 학기 한 달 동안은 저를 비롯해서 모든 교사들이 초긴장을 하고 하루를 시작합니다.

이때는 아침 등원부터 유치원 입구에서 엄마와 떨어지기 싫다고 실랑이가 벌어지곤 합니다. 간신히 우는 아이를 진정시키고 나면 또 다른 아이가, 옆에 있던 아이가, 뒤에 있던 아이가 기다렸다는 듯이 차례로 엄마 보고 싶다고 울어 유치원이 울음바다가 됩니다. 하지만 요즘은 대부분의 아이들이 어린이집을 거쳐 오기에 1~2주 정도 지나면 등원 지도가 편안한 상태가 됩니다.

이처럼 아이가 엄마와 떨어질 때 분리불안을 느끼는 경우는 해결 방법이 이론상으로 이렇습니다.

처음에는 부모가 아이와 함께 교실에 있으면서 유치원 생활을 합니다. 유아가 충분하게 적응되면 다음 날은 교실문 밖에서 부모가 기다려 줍니다. 그리고 그 다음 날은 현관 밖에서 기다리면서 점점 거리를 두게 되는 거지요.

하지만 제가 현장에서 느낀 것은 다릅니다. 이렇게 할 경우, 아이의 적응도 더디고 다른 유아와의 관계에도 어려움이 있습니다. 아이들은 부모들의 걱정과 달리 교사들과 함께 유치원에 있을 때에는 기대 이상으로 적응을 잘합니다. 교사들과 공감대를 빨리 형성하고 생활하는 것을 볼 수 있죠. 그래서 요즘 저는 아이를 데리고 오는 어머니에게 이렇게 말합니다.

"어머니, 아이를 충분하게 안아 주시되 5번 안아 주고 간다고 약속해 주세요. 끝나면 제가 안고 들어갈게요."

그러면 어머니는 아이에게 이같이 말합니다.

"주리야, 엄마가 5번 안아 줄께, 그러고 나서 들어가?"

약속대로 5번 안아 주고 나면 저는 최대한 사랑스럽게 아이를 안고 들어갑니다. 그럼에도 아이는 본능적으로 다시 울기 시작합니다. 저도 그 순간이 괴롭고 아프지만 아이에게 유치원이 행복한 곳이라는 믿음을 빨리 주기 위해서 용기를 냅니다.

다른 아이들이 이미 활동하고 있는 교실로 바로 데려가기 보다는 아이가 마음의 평온을 찾는데 도움이 되도록 원장실로 데리고 들어 갑니다. 그곳에서 우는 아이를 오랜 시간 꼭 안아 줍니다. 아이의 울음이 점점 그치면 물을 마시게 해 줍니다. 물을 마시면서 아이의 심신이 많이 안정되는 것을 볼 수 있습니다. 아이가 진정이 되었다고 판단되면 아이와 함께 공감대화를 시도합니다.

"우리 주리, 지금 많이 슬프구나."

"네"

"왜 슬픈지 선생님에게 이야기해 줄 수 있겠니?"

"엄마 보고 싶어요."

"엄마가 보고 싶어서 슬펐구나. 선생님도 어릴 때 그랬단다. 유치원에서 놀다가 엄마가 보고 싶을 때가 있었지. 하지만 선생님 엄마도 일하러 가셨기 때문에 유치원 마칠 때까지 엄마를 볼 수 없어서 주리처럼 슬펐단다."

아이의 마음을 읽어 주고 충분하게 공감해 주세요. 이런 과정에서 저는 아이와 신뢰를 쌓고 긍정적인 관계를 만들어 가는 것을 느낄 수 있었습니다. 두세 번 이런 과정이 반복되고 교실에서 담임선생님, 친구들과 즐거운 시간을 보내는 경험을 하게 되면 아이들은 씩씩하게 아침 등원을 하게 됩니다. 오히려 주말에도 유치원에 가고 싶다고 조를 것입니다.

처음 새로운 기관에 보낼 때, 부모들도 기관에 믿음이 생기기 전이라 많이 걱정스럽습니다. 이런 상황에서 아침마다 아이가 유치원 가기 싫다고 울기 시작하면 부모들도 어떻게 해야 할지, 어떻게 아이에게 행동하고 말해야 할지 몰라 난처할 겁니다.

저도 제 딸이 초등학교 일학년 때 이러한 일을 경험하면서 많은 시간 애를 태우면서 보냈습니다. 이런 상황이 길어지자 인내심의 한계를 느끼고 결국은 협박하고 있는 저를 발견할 때도 있었습니다. 하지만 이내 반성하고 아이의 마음을 읽어 주려고 노력했습니다. 이때 중요한 점은 아이의 마음에 공감은 하되 일관성 있고 단호하게 행동해야 한다는 것입니다. 어느 정도 시간이 흐르자 딸은 학교생활에 적응하기 시작했고 친구들과도 잘 지냈습니다.

누구나 첫아이에게는 초보 부모일 수밖에 없습니다. 아이가 특별한 이유 없이 떼를 쓰며 유치원에 가기 싫다거나 해야 할 일을 하기 싫다고 한다면, 충분히 공감은 해 주되 일관성 있는 단호함을 보여 주어야 합니다. 아이가 운다고 부모가 갈팡질팡한다면 그 울음은 아이의 감정표현이 아닌 부모의 마음을 흔드는 무기가 될 것입니다.

부모의 흔들리는 눈빛은 아무 도움이 되지 않습니다. 상황이 어려울수록 부모의 믿음과 확신에 찬 사랑스런 눈빛이 필요합니다.

부모 개입은 반칙입니다

5세 반 학기 초에 있었던 일입니다. 형균이 어머니가 등원하면서 상담을 원하셨습니다.

주말에 동네에 있는 키즈 카페에 갔는데 반 친구들이 있어서 함께 놀았답니다. 그런데 그중에 한 명이 형균이에게 "너 자리는 없으니까 저리가." 하며 형균이를 못 놀게 했답니다. 형균이는 형제가 없고 어린이집 경험이 별로 없어서 친구들과 어울려 놀 기회가 많지 않았습니다. 어머니도 이런 상황이 처음이라 두 사람은 어찌해야 할지 몰라서 어리둥절했답니다. 아이들에게 '친구들과 사이좋게 놀아야지. 그러면 못써.' 하고 야단치고 싶었지만 참으셨다고 합니다.

어머니는 이럴 때 어떻게 해야 하는지를 저에게 물었습니다.

제 생각을 말씀드렸습니다.

먼저 다음과 같은 대화를 통해 형균이의 감정을 어루만져 주세요.

"우리 형균이 기분이 어떠니?"

"안 좋아요."

"저런, 기분이 안 좋다고? 형균이 기분이 왜 안 좋은지 엄마에게 이야기해 줄 수 있겠니?"

"친구들이 함께 안 놀아 줘서요."

"그래, 친구들과 놀고 싶은데 친구들이 안 놀아 주면 많이 속상하지. 엄마도 어릴 때 친구들이 놀이에 껴 주지 않아 슬펐던 경험이 있단다."

아이의 속상한 마음을 충분하게 공감해 주는 게 제일 중요합니다. 그 다음은 비슷한 상황이 되었을 때 어떻게 행동할지에 대해 아이 스스로가 해결책을 생각해 볼 수 있도록 해 주세요. 그 해결책이 올바른 방법인지도 대화해 보면 좋겠습니다. 폭력적이거나 미운 말로 친구를 대하는 것은 바람직하지 않습니다.

주도적이고 긍정적으로 친구들과의 관계를 풀어가도록 기회를 주세요. 사교성을 발달시키는 계기가 됩니다. 이런 과정 없이 부모가 교우 문제에 개입하고 나선다면 아이는 스스로 배울 기회를 놓치게 되는 거지요.

아이를 훌륭하고 행복하게 키우기 위해서는 질적으로 우수한 환경이 필요합니다. 잘 먹이고 잘 입히고 잘 교육하는 것도 중요합니다. 그러나 성장기에 있는 아이들에게는 친구들이 정말 중요한 환경이 됩니다. 아이와 친구들이 모두 좋은 관계를 형성하고 행복하게 자랄 수 있도록 내 아이 입장뿐 아니라 친구들의 입장에서도 너그럽게 생각해 보는 부모가 되어야 하겠습니다.

3살이 되면
혼자서
신발을 신고 벗는다

　　　　　　유치원에서 교사들이 가장 많이 사용하는
언어 중 하나가 '기다려 주세요'입니다. 질서와 배려, 협동을 요구하는
상황이 많기 때문이지요. 그래서 유아들은 시간이 지남에 따라
'기다려 주세요'의 의미를 알게 되고 실천하게 됩니다.

　　현장에서의 대부분의 일은 유아 혼자 힘으로 해야 합니다. 반
전체가 함께하다 보면 시간이 많이 소요되기도 하지만 그보다는 아
이들이 차례를 지키며 양보하고 인내하는 훈련이 되기 때문입니다.

　　유아들은 어떤 일을 스스로 하기까지 시간을 요하는 경우가 많
습니다. 그 대표적인 사례가 혼자서 '신발 신기'입니다. 아이의 성

손을 번쩍 들고 건너 가세요 .

기다려 주세요.

장발달을 고려하여 착화감이 좋고 혼자 신고 벗기가 편한 신발을 준비해 주는 게 좋습니다. 그리고 아이가 능숙해질 때까지는 기다려 주는 게 필요합니다.

하지만 신학기때에 유치원 현관 신발장 앞에서 보는 상황은 많이 다릅니다. 대부분의 부모들은 아이가 현관에 나오기 전에 아이 신발장에서 신발을 꺼내 놓습니다. 그러고 나서 아이가 실내화를 벗고 신발을 신으려 하면 부모가 먼저 신겨 주려는 자세를 취합니다.

심지어 만 3세 반 아이들의 경우에는 실내화를 벗으려고 앉으면 실내화를 벗겨 주려 합니다. 유치원 아이들의 '신발 갈아 신기' 성장과정을 보면, 만 3세 반 아이들은 앉아서 갈아 신는 아이들이 대부분입니다. 이렇게 매일 스스로 하다 보면 만 5세가 되어서는 빠르게 서서 갈아 신고 어느새 밖으로 나가는 아이들을 볼 수 있습니다.

정인이 어머니는 자애롭고 항상 다정다감하신 분입니다. 정인이도 엄마의 사랑을 듬뿍 받고 자라서 그런지 정서적으로 안정되고 유치원 생활도 즐겁게 합니다. 그러나 정인이는 신체발달 측면에서는 대소근육 운동이 필요해 보입니다. 포동포동 예쁜 정인이지만 행동이 느리고 옷 입기, 신발 갈아 신기 등 스스로 해야 할 것들에 대한 연습이 많이 필요합니다.

하원 시간이 되면 정인이 어머니는 교사들에게 상냥하게 인사를 하시면서 정인이의 신발을 꺼내십니다. 그리고 정인이가 나오면 앉아서 정인이의 신발을 갈아 신겨 주십니다. 그러는 동안 정인이는 부동자세로 서 있습니다.

저는 이 부분에 대해 신학기 오리엔테이션 시간에 언급을 했습니다. 그랬지만 어머니에게 다시 부탁을 드렸습니다.

"어머니, 오늘 바깥 놀이 나갈 때 보니, 정인이가 신발 갈아 신기를 스스로 열심히 하려고 노력하더라고요."

"혼자서 할 수 있는 기회를 매일 주시면 속도도 많이 빨라질 거예요."

기다려 주세요. 아이들은 배운 것을 복습하면서 공부하고 있습니다. 그 몇 분이 천 년 같이 느껴지더라도 아이가 혼자 해내는 즐거움을 빼앗지 마세요. 아이가 스스로 하려는 그 마음을 부모가 공감해 주고 기다려 준다면 아이들은 어느새 부쩍 성장해 있을 겁니다. 부모님들에게 뿌듯함을 선물해 줄 겁니다.

"나는 못해요"

저희 유치원에 원장실은 만 3세 반 교실과 제일 가까운 곳에 있어서 아이들의 생활 모습을 수시로 관찰할 수 있습니다. 그러다 보니 갓 입학한 아이들을 보며 손이 많이 필요할 때는 적극적으로 돕습니다. 그리고 만 3세 반 담임선생님들의 애로사항도 깊이 공감하고 선생님들도 아이들의 문제행동에 대해서 저와 자주 상담을 합니다.

미소가 예쁜 현아는 만 3세 학기말이 되어서야 스스로 무엇인가 해 보려고 합니다. 지금도 학기 초 현아의 생활 모습이 눈에 선합니다. 모든 일에 있어 시도도 해 보지 않고 먼저 울음으로 본인의 생각과 감정을 표현합니다. 할 수 있는 말은 '나는 못해'가 전부입니다. 아침에 기분 좋게 방긋 웃으면서 등원하지만 실내화로 갈아 신을 때부터 현아의 울음은 시작됩니다.

"난 못해. 난 못해."

"우리 현아, 혼자 신기 어려우면 '선생님, 도와주세요'라고 이야기하세요. 그러면 선생님이 도와줄게요."

"난 못해."

"현아가 연습하면 혼자서 할 수 있어요. 함께 차근히 해 봐요."

한바탕의 울음 끝에 현아는 말로 표현합니다.

"선생님, 도와주세요."

교실로 이동하고 나서 현아의 울음은 또 시작됩니다. 가방과 겉옷을 혼자서 못 벗겠다고 합니다. 밥도 혼자서 못 먹습니다. 화장실도 갈 때가 된 것 같으면 교사가 데리고 가야지만 갑니다. 학기 초 이러한 행동이 계속 반복되었고 현아 어머니에게도 현아 혼자서 할 수 있도록 가정에서 지도를 부탁드렸으나 좀처럼 개선되지 않았습니다.

저는 현아 어머니와 시간을 넉넉히 가지고 상담할 필요를 느꼈습니다. 어머니는 현아를 낳고 몸이 많이 안 좋아지셨습니다. 그래서 현아는 유치원 오기 전까지 도우미 할머니의 도움을 받았다고 합니다.

그분은 현아를 너무 예뻐하셔서 아기 때부터 울기만 하면 모든 것을 다해 주셨다고 합니다. 그리고 항상 인형처럼 깔끔하고 예쁘게 꾸미기를 좋아하셨다고 합니다. 집에서 현아는 스스로 먹거나 입어 본 적도 없다고 합니다. 지금도 도우미 할머니가 거의 다해 주신다고 합니다.

아마 현아도 처음에는 혼자서 먹고 입으려고 했을 겁니다. 모든 아이들이 그러하듯이 음식도 흘리고 옷도 거꾸로 입었겠지요. 그럴 때 아이가 스스로 흘린 것을 닦아 보고 거꾸로 입은 옷도 바로 입을 수 있게 지도를 했다면, 아이는 실수를 두려워하지 않았을 겁니다. 다시 도전하면 할 수 있다는 자신감을 가졌을 겁니다. 하지만 현아가 실수를 했을 때 도우미 할머니는 기회를 주기보다는 본인이 빨리 완벽하게 해결해 주었을 겁니다.

많은 유아교육 학자들은 말합니다. 아이가 시행착오를 겪을 때, 양육자는 아이가 스스로 자기 수정을 할 수 있는 기회를 주고 아이가 노력하는 동안 옆에서 지켜봐 주어야 한다고 합니다. 아이가 극복할 수 있도록 격려해 줘야 아이가 자존감 형성과 성취감도 느낄 수 있다는 것입니다.

아이가 혼자서 도전해 보고 성취감을 느끼게 되기까지는 생각보다 긴 시간이 필요합니다. 부모는 열심히 하는 아이의 마음을 공감하고 응원하며 기다려 줘야 합니다. 하루하루 이러한 과정이 반복되고 생활화된다면 어느새 그 연령에 맞는 생활 태도를 보이며 부쩍 성장해 있을 겁니다.

아이에게
의욕을 불러일으키는 칭찬법과
의욕을 떨어뜨리는 칭찬법이 있다

《칭찬은 고래도 춤추게 한다》에서 켄 블랜차드와 짐발라드는 '칭찬은 힘이 들지 않으면서 좋은 결실을 만들 수 있는 최고의 도구'라고 소개했습니다. 그때부터인지 저는 어떤 성과를 내기 위해서 질책이나 비난을 하는 상황을 보게 되면 '칭찬은 고래도 춤추게 한다'라는 말을 많이 사용합니다.

저의 유년 시절을 돌이켜 보면 부모님의 칭찬을 받기 위해서 무엇이든지 열심히 하려 했고, 실제로도 칭찬을 먹고 자랐습니다. 어느 날 학교에서 집으로 돌아와 보니 어머니 친구 분들이 몇 분 와 계셨습니다. 그분들 앞에서 저를 칭찬하고 계시는 어머니의 목소

결과보다는 과정 중심으로 칭찬하세요.

리를 방문 뒤에서 듣게 되었습니다. 그때 제 자신이 뿌듯했고 행복했습니다.

맞벌이로 인해 바쁘신 어머니와는 진솔하게 대화할 기회가 많지 않았습니다. 그런데 어머니가 저를 자랑스럽게 생각하고 계시다는 사실에 정말로 기뻤던 거지요. 자매가 많은 가정 환경에서 부모님은 자매 모두에게 골고루 사랑을 주려 하셨습니다. 어느 한 명에게 하는 칭찬은 자매들의 우애를 위해서 아끼셨던 것 같습니다.

요즘은 자녀가 한두 명인 가정이 대부분입니다. 칭찬을 자주 사용하면 좋은 결실을 맺을 수 있습니다. 칭찬은 유치원 현장에서도 교육 효과를 위해서 가장 많이 사용하는 방법입니다. 여러 아이들을 빠른 시간 안에 주의집중을 시키거나, 모범적인 아이를 다른 아이들에게 보여 주기 위해서 칭찬은 매우 효과적이며 긍정적으로 사용됩니다. 제가 교사였을 때는 칭찬 노래를 많이 사용했습니다.

"누가 누가 예쁘게 앉았나?"

"소영이가 예쁘게 앉았지"

소영이의 이름이 호명되는 순간 아이들은 선생님 앞으로 모여들며 이야기 나누기 활동을 위해 바르게 앉기 시작합니다. 저는 바르게 앉는 순서대로 이름을 호명하면서 노래를 불러 줍니다. 어느새 모든 아이들은 활동 준비를 끝내고 기분 좋게 이야기를 나누기 시작합니다.

아이들에게 칭찬을 할 때는 다양한 방법을 활용합니다. 언어로 표현할 때가 많지만 아무 말 하지 않고 환한 미소를 보여 주거나 손으로 '엄지척'을 해 줍니다. 아이의 행동에 많이 공감한다는 뜻으로 안아 주거나 '손하트'를 날려 주기도 합니다.

말하지 않고 조용히 차례로 계단을 사용하는 아이들을 볼 때는 질서를 잘 지키는 모습을 칭찬합니다. 목소리를 높여 칭찬하기 보다는 반짝이는 눈빛으로 미소와 함께 양손으로 '엄지척'을 보여 줍니다. 이는 차분함을 유지하면서 잘하고 있다는 강한 메시지를 주게 됩니다. 칭찬받은 아이들은 그 행동을 유지하려고 계속 노력할 것입니다.

칭찬을 사용할 때는 4가지 원칙을 지키려고 합니다.

첫째, 칭찬은 아이들이 행동하고 있는 그 즉시 해야 합니다. 그러한 상황이 되지 않을 때는 모두 모여 집중하고 있을 때 잊지 않고 칭찬을 해 줍니다.

둘째, 되도록이면 주변 사람들이 들을 수 있게 큰 소리로 합니다. 칭찬받는 아이의 기쁨이 두 배가 되고, 다른 아이들에게도 그 칭찬 행동이 전달되어 긍정적인 영향력을 미칠 수 있기 때문입니다.

셋째, 아이가 가지고 있는 외모보다는 그 아이의 태도와 행동에 대해 칭찬을 합니다. 아이들은 존재만으로도 너무 사랑스럽고 예쁩니다. 그렇기 때문에 저도 모르게 외모에 대한 감탄이 섞인 칭찬을 하고 싶을 때가 많습니다. 그러나 그보다는 외모를 빛나게 해 줄 바른 행동에 대해 칭찬하면서 아이가 더 멋지게 성장하도록 돕습니다.

넷째, 행동의 결과보다는 되도록 과정 중심으로 칭찬합니다. 저는 이 네 번째 원칙이 칭찬을 할 때 가장 중요하다고 생각합니다.

행복하게 살아가기 위한 과정을 배우는 아이들에게는 과정에서 열심히, 최선을 다하는 자세를 배우는 것이 더 중요합니다. 앞으로 있을 실패와 고난을 스스로 극복할 수 있는 힘을 만들어 주기 때문이지요. 아이들은 칭찬받을 때, 타인이 자신의 행동에 대해 긍정적으로 공감해 주고 있다고 느끼게 되어 세상을 행복하게 바라보게 될 것입니다.

저는 우리 반 반장입니다

저희 유치원에서는 리더십을 키워 주기 위해 아이들이 매주 돌아가면서 반장 역할을 합니다. 그 주에 반장이 된 아이들은 반장 명찰과 함께 반장 임명장을 받게 됩니다.

저는 월요일마다 원장실에서 반장 아이들을 따로 불러 직접 임명장을 줍니다. 원장실에서 직접 주는 이유는 반장이 중요한 역할을 하는 사람이라는 걸 알려 주고, 그 아이의 존재감을 높여 주고 싶어서입니다. 또한 원장인 저와 특별한 공감대를 가지고 의미 있는 소통을 하기 위해서입니다.

임명장을 큰 소리로 읽어 줄 때 아이들의 눈빛은 진지하고 열정에 불타오릅니다. 아이들에게 반장으로서 무엇을 할지에 대해 묻습니다. 아이들은 친구들과 사이좋게 지내고 선생님이 부탁을 하면 적극적으로 도울 것이라 대답합니다.

신기하게도 반장 명찰을 달고 있을 때는 최선을 다해서 리더십을 보여 줍니다. 반장 임명장은 모든 아이들이 받고 싶어 하는 것으로 아이들의 올바른 행동 변화를 위해서 칭찬 역할을 훌륭하게 합니다. 특히 기본 생활 습관 형성과 긍정적인 사회화 과정을 돕는 매개체이기도 합니다.

유치원에서는 아이들의 교육 활동 과정을 격려하고 칭찬하기 위해서 '자세 점수'를 줍니다. 아이들이 좋아하는 수업 중에 게임 활동이 있습니다. 대부분 이긴 팀과 진 팀이 나오는 게임입니다.

이러한 활동은 흥미도와 참여도가 아주 높아 규칙을 지키지 않고 결과에 집착하는 경우가 많습니다. 규칙을 잘 지키면서 이겼을 경우는 당연히 승점을 받습니다. 지더라도 게임에 열심히 참여하고 자세가 좋다면 '자세 점수'를 받습니다.

아이들은 이러한 과정을 겪으면서 이기는 결과도 좋지만 게임하는 과정의 중요성을 배우게 되는 거지요. 이렇게 활동 과정을 칭찬

받은 아이들은 승패와 상관없이 모든 일에 최선을 다하는 삶의 자세를 배우게 됩니다.

이 폐품 덩어리는 왜 가져왔니?

어릴수록 결과 중심의 교육보다는 과정 중심의 교육이 강조되어야 합니다. 그래서 결과적으로 완벽하지 않더라도 아이들이 의미 있게 작업한 작품을 집으로 가져가고 싶어 하면 집으로 보냅니다.

그러한 작품들 중에는 빈 요구르트 병을 붙여서 만든 멋진 기차도 있고, 하얀 도화지에 색연필로 그리고 삐뚤빼뚤 가위로 오린 과일 그림도 있습니다. 아이들의 이야기를 듣지 않고 보면 요구르트 기차는 그저 폐품 덩어리이고 과일 그림은 종이일 뿐입니다. 하지만 아이들에게는 긴 시간을 집중해서 만든 것이기에 너무나도 소중한 작품입니다.

하원 시간에 재중이는 매일 그러하듯, 열심히 만든 작품을 엄마에게 보여 줍니다.

"엄마, 여기가 로봇 팔이고 변신할 수도 있어."

"엄마, 친구들이 내 로봇이 진짜 같대."

반짝이는 눈빛으로 신나서 설명하는 아이와는 달리 엄마의 표정은 시큰둥합니다. 어머니는 집에 재중이가 가져오는 폐품들을 다시 분리수거해서 버리는 게 일이라고 합니다. 저도 딸아이를 키우면서 비슷한 경험을 했기에 재중이 어머니의 수고로움도 이해합니다.

그러나 저는 재중이의 마음을 더 공감해 주고 싶었습니다. 재중이는 만 5세 반에서 만들기를 제일 잘하는 아이라고 소문이 났습니다. 만들기를 좋아할 뿐만 아니라 항상 집중해서 열심히 만듭니다. 시간을 투자하는 만큼 창의성이 돋보이는 멋진 작품으로 거듭나기 때문입니다.

재중이는 선생님과 친구들이 칭찬해 주는 작품들을 엄마에게 자랑하고 싶고 인정받고 싶어 했을 겁니다. 만든 작품을 평가하는 시간에 아이들 앞에서 설명하라고 하면 자랑스럽게 이야기를 합니다. 아이들은 재중이의 이야기에 푹 빠져 박수를 쳐 주지요. 만드는 과정과 재중이의 스토리가 없다면 여태껏 만든 것들은 무의미한 재활용품일수도 있겠지요.

부모님 눈에 미숙한 작품을 만들더라도 아이들의 이야기에 경청하면서 공감해 주세요. 행동 과정에서 칭찬을 받고 성장한 아이들, 우리나라의 멋진 로봇 과학자로 기대할 수 있지 않을까요?

마음을
이어 주는
포옹과 스킨십

저는 유치원에서 매일 유아들과 교사들을 안아 줍니다. 그리고 자주 보지 못한 엄마들이 방문했을 때나 힘든 일을 겪어서 위로와 격려가 필요한 엄마들도 꼭 안아 줍니다. 유아들과 교사, 엄마들이 진정으로 사랑스럽기 때문이기도 하지만 포옹으로 인해 얻을 수 있는 효과가 많기 때문입니다.

포옹법의 창시자 캐서린 키팅 박사는 《포옹할까요》에서 포옹의 효과에 대해서 다음과 같이 쓰고 있습니다.

"기분 전환에 좋다, 외로움을 없애 준다, 두려움을 이기게 해 준다, 자부심을 갖게 해 준다, 이웃을 사랑하게 해 준다, 긴장을 풀어 준다, 불면증을 줄여 준다, 근육을 튼튼하게 한다, 즐거움과 안락함을 준다, 포만감을 주어 다이어트 효과에 좋다."

이런 다양한 포옹의 효과 중에서 저에게 영향력이 제일 큰 것은 포옹을 할 때마다 제 주변인들을 사랑하는 마음이 점점 더 커져서 긍정적인 관계를 형성해 간다는 겁니다. 때로는 백 마디의 따뜻한 말보다도 한 번의 포옹으로 공감대를 키우고 행복을 느끼게 되는 경우도 있습니다.

특히 포옹과 스킨십은 학기 초처럼 새로 적응해야 할 것이 많은 환경과 상황에서 진가를 톡톡히 발휘합니다. 신입 유아들이나 새로 부임한 교사들에게는 빠른 시간 안에 그들에 대한 저의 사랑과 공감대를 표현하기에 매우 효과적이었습니다.

뇌 과학자들은 포옹을 하면 정서적 공감대와 친밀감을 증대시키고 심리적 안정감을 주는 옥시토신 호르몬이 뇌에서 분비된다고 합니다. 그리고 옥시토신이 분비되면 모성애와 같은 신뢰의 감정이 생긴다고 합니다. 이제는 포옹으로 생기는 긍정적인 변화들이 과학으로 증명되고 있습니다.

지금은 따뜻한 포옹과 부드러운 스킨십으로 유치원과 가정을 행복이 가득한 곳으로 만들어 가고 있지만 익숙하게 되기까지는 많은 시간과 노력이 필요했습니다. 포옹은 습관입니다. 습관은 훈련을 통해서 만들어 갈 수 있습니다.

매일 가정에서 사랑하는 내 아이들과 남편에게 하루 세 번씩 포옹하기를 실천해 보세요. 포옹을 할 때는 함께 있음에 감사한 마음을 가지고 사랑한다고 이야기해 주세요.

포옹하는 방법은 왼쪽 팔을 높이 들어 왼쪽 심장끼리 뽀뽀할 수 있게 해 줍니다. 서로의 심장 박동을 느끼면 더 좋지요. 포옹은 부모들이 가정에서 자주 실천하는 것을 보여 주면서 아이들에게 자연스러운 습관으로 만들어 주어야 하는 행복 선물입니다.

엄마의 따뜻한 품이 좋아요

대학에서 강의를 들을 때 아주 흥미로운 실험영상을 본 적이 있습니다. 미국의 심리학자 해리 할로Harry Harlow의 원숭이 애착실험이었는데, 지금까지도 그 기억이 생생합니다.

갓 태어난 아기 원숭이를 어미에게서 떼어 놓은 후 어미 대신 모유가 나오는 철사 원숭이 모형과 부드러운 천 원숭이 모형을 놓아 주고 아기 원숭이의 행동을 관찰했어요. 아기 원숭이는 배가 고플 때만 철사 원숭이 모형에게 갈 뿐 대부분의 시간을 부드러운 천 원숭이 모형에 붙어서 떨어지지 않습니다. 아기 원숭이는 부드러운 천 원숭이 모형에게서 엄마의 따스한 품을 느낀 것이겠지요.

이 실험은 따뜻한 스킨십이 배를 채우는 것 이상으로 중요하다는 것을 보여 줍니다. 전에는 아이들을 양육할 때 먹고 입히는 것에만 집중했다면, 이 실험 이후로는 포옹과 따뜻한 스킨십, 함께하는 놀이 시간의 중요성을 깨닫게 되었습니다. 아기 원숭이의 눈망울이 안쓰러워서인지 저는 딸을 키우면서도 가끔 실험 장면이 생각났습니다. 그래서 될 수 있으면 많이 안아 주고 토닥여 주려고 노력했습니다.

제 딸이 아기였을 때는 한 몸처럼 붙어 있는 것이 공감대와 친밀감을 형성하는데 도움이 많이 되었습니다. 요즘은 과학적이고 품질이 좋은 육아용품들이 많지만 그때는 그렇지 못했습니다. 그래서 저는 친정어머니가 사다 주신 전통 포대기를 이용했습니다. 그 덕분에 포옹과 스킨십을 자연스럽게 하면서 고된 육아를 해결했습니다.

포대기로 딸을 등에 업고 집안일을 하고 잠을 재웠던 것이 특히 기억이 납니다. 잠투정하던 딸을 업고 엉덩이를 토닥토닥하면서 자장가를 불러 주면 신기하게도 스르르 잠이 들었습니다. 엄마 등에서 느껴지는 포근한 느낌이 아이에게 정서적으로 안정감을 주었겠지요.

유아기에 접어들었을 때는, 함께 침대에 누워 아이 등을 살살 긁어 주면서 자장가를 불러 주거나. 가슴 부분을 토닥토닥 해 주면서 사랑한다고 속삭여 주었습니다. 될 수 있으면 함께 잠을 자려고 했습니다. 잠자는 순간이 엄마와 헤어지는 것이 아니라 함께 꿈나라로 행복한 여행을 가는 것이라고 느끼게 해 주고 싶었습니다.

그래서인지 딸은 성인이 된 지금도 저뿐만 아니라 아빠와도 포옹과 스킨십이 자연스럽고 좋은 관계를 유지하고 있습니다.

포옹이 만들어 낸 기적

영국 데일리 메일에 '엄마의 포옹으로 숨진 아이가 기적처럼 살아났다'는 믿기 힘든 글이 실렸습니다.

2010년 3월 호주 시드니에서 귀여운 쌍둥이 남매가 태어났습니다. 그러나 안타깝게도 태어난 지 20여분 만에 한 아이에게는 사망선고가 내려졌습니다. 27주 만에 태어나 몸무게가 1Kg도 안 나가던 아이는 그렇게 세상과 작별을 했습니다. 그 사실을 안 엄마는 아이를 한 번만 안아보길 원했고 축 처진 아이의 작은 몸을 감싸 안으며 속삭이기 시작했습니다.

"엄마의 심장소리가 들리니?"

"엄마는 너를 많이 사랑한단다."

바로 그때 기적처럼 사망선고를 받은 아이의 몸에서 작은 움직임이 느껴졌습니다. 포기할 수 없는 엄마는 아기를 품에 안고 모유를 건네기 시작했습니다. 두 시간 뒤 눈을 뜬 아기는 작은 손을 뻗어 엄마의 손가락을 잡았습니다. 엄마의 간절한 사랑이 담긴 심장 소리가 아이와 만나는 순간 생명의 기적이 일어난 것입니다. 포옹에는 이렇게 믿기 힘든 강한 에너지가 있습니다.

　저는 제 딸이 처음 태어났을 때가 생각났습니다. 태어난 지 일주일 정도 되었을 때 딸아이는 신생아 황달로 다시 병원에 입원했습니다. 아이는 입원하는 순간부터 인큐베이터 안에서 눈을 가린 채 엄마와 격리되어 생활했습니다. 입원 전까지 품에 안고 젖을 주던 아이를 떼어 놓으려니 마음이 너무 힘들었습니다.

　출산한 지 얼마 되지 않아서 몸 상태도 좋지 않았습니다. 그러나 남편과 함께 아이의 회복을 위해서 최선을 다하기로 다짐하고 아이를 돌보았습니다. 신생아에게 좋은 환경의 인큐베이터라고 하지만 제 눈에는 차가운 기계처럼 느껴져 안에 있는 아이를 보고 너무 가슴 아팠습니다.

　그래서 저는 의사 선생님에게 인큐베이터 안의 아이에게 스킨십을 자주 해 주고 싶다고 말씀드렸습니다. 반응이 없던 아이도 제가 손을 넣어서 스킨십을 해 주며 사랑한다고 속삭여 주면 몸을 움직였습니다. 만지면 부서질 것 같은 귀여운 손가락과 발가락도 만져 주고 귀 가까운 곳에서 태교할 때 많이 들려 주던 노래도 예쁘게 불러 주었습니다. 엄마의 심장에서 보내는 따뜻한 사랑이 손끝을 지나 아이에게 전달되리라 믿었습니다. 다행히 아이는 시간이 지날수록 회복이 빨라졌고 다른 합병증 없이 건강하게 잘 자랐습니다.

인큐베이터 안에 있는 아이에게 엄마가 해 줄 수 있는 최선의 선택은 스킨십이었습니다. 그것이 엄마의 모성애를 보여 주는 방법으로 엄마와 아이의 공감대를 형성할 수 있는 최고의 치료였다고 생각합니다.

배려심 깊은
아이가
행복감이 더 높다

저는 아이들을 무척 좋아합니다. 딸이 태어나기 전 조카가 너무 예뻐서 어디 놀러 갈 때면 항상 데려가고 싶어 했습니다. 자녀는 둘 이상 두고 싶었습니다. 뜻대로 되진 않았지만 감사하게도 외동딸이 있습니다.

저는 딸을 외동 티가 나지 않도록 키우는 게 가정교육 목표 중의 하나였습니다. 외동은 가정에서 불필요한 싸움과 경쟁을 하지 않아서 정서적으로는 안정적이지만 서로 나누고 배려하며 협동하는 힘은 약할 수밖에 없습니다. 그래서 항상 남을 배려하고 함께하는 일에 협동하며, 남의 입장을 이해하고 공감할 수 있는 아이로 성장하도록 돕고 싶었습니다.

딸이 초등학교에 들어갔을 때, 학교에서 수업 준비물로 재활용
품을 가져오라고 했습니다. 다 먹은 우유팩을 하나 가져오라고 하
면 저는 몇 개를 미리 말려서 준비해 둡니다. 아이가 의아한 표정으
로 저를 쳐다봅니다.

"엄마, 선생님이 하나만 가져오라고 했는데요?"

"분명히 잊고 안 가져오는 친구가 있을 거야. 그런 친구가 있으
면 네가 나눠 주면 좋겠구나."

"아하~. 네 엄마. 그렇게 할게요."

딸아이도 제 마음을 이해한다는 눈빛을 보여 주며 우유팩이 든
보조가방을 들고 웃으면서 학교에 갑니다.

대부분의 준비물은 학교 앞 문방구에서 손쉽게 구할 수 있지만
의외로 재활용품은 미리 준비해 두지 않으면 당일에 난감할 수
있습니다. 그날 저녁 딸아이의 일기장에는 이런 글이 적혀 있었습
니다.

"오늘은 참 행복했다. 왜냐하면 미술시간에 수민이가 우유팩을
가져오지 않았는데 내가 3개나 있어서 나눠 줄 수 있었기 때문이
다. 수민이가 고맙다고 했다. 나중에도 친구들이 없다고 하면 빌려
줘야겠다."

참 기뻤습니다. 아이들은 부모의 그림자를 밟고 자란다고 하지요. 스스로의 힘으로 생각하고 판단하면서 삶을 살기에는 아직 많이 어리고 미성숙합니다.

아이들이 남을 이해하고 배려하는 공감교육은 가정에서 부모의 세심한 관심과 부모가 타인에게 하는 행동으로부터 시작됩니다. 아이들이 자연스럽게 공감교육을 받을 수 있도록 생활 속에서 본보기가 되어야 하겠습니다.

짝꿍 도시락

제가 교사였을 때는 유치원에서 급식이 되지 않아 집에서 도시락을 싸왔습니다. 소풍을 갈 때도 마찬가지였습니다. 집에서 싸온 도시락은 어머니들의 성향에 따라 다양했고 개성이 강했습니다. 아이들도 서로 나누어 먹기보다는 본인들의 입맛에 맞는 각자 싸온 도시락을 선호했습니다.

소풍 가는 날이면 어머니들의 솜씨자랑 대회를 하는 것처럼 알록달록 먹기 아까울 정도의 예쁜 김밥 도시락이 많았습니다. 그렇다고 모든 도시락이 그렇지는 않았습니다. 그중에는 평상시처럼 하얀 밥과 반찬으로 된 것도 있고, 아침에 김밥 집에서 산 채로 검은 봉지에 담겨진 것도 있었습니다. 물론 상황에 맞게 싸오는 것이지만 저는 유아기 때는 똑같은 조건에서 같은 도시락을 먹는 것이 바람직하다고 생각했습니다.

단체 생활인 만큼 동일한 음식을 함께 먹는 것이 유아들의 사회성과 정서발달에 도움이 될 것이라고 판단했습니다. 그래서 저희 유치원에서는 소풍 갈 때 짝꿍 도시락을 만들어 갑니다. 둘이서 사이좋게 나누어 먹을 수 있도록 2인분의 도시락을 준비하여 김밥도 사이좋게, 떡과 과일도 사이좋게 먹여 주면서 점심시간이 행복한 추억으로 남을 수 있도록 합니다.

아이들은 도란도란 이야기하면서 도시락 하나에 담겨 있는 음식을 맛나게 나눠 먹습니다. 재미있게 뛰어놀고 난 뒤 함께 모여 앉아 싸온 도시락을 서로 배려하고 공감하며 먹는 모습을 볼 때면 너무 행복해서 먹지 않아도 배가 불렀습니다.

짝꿍 도시락에는 함께 먹는 즐거움이 있습니다. 음식 맛뿐만 아니라 서로가 공감하는 사랑조미료가 더해지기 때문입니다. 집에서도 형제간에 우애를 돈독하게 해 주고 싶다면 서로 나눠 먹을 수 있도록 준비해 주세요. 이렇게 교육된 아이들은 콩 한 쪽도 나눠 먹는 진정한 행복을 알게 됩니다.

배려란? 그 사람과 상황에서 필요하다고 생각되는 부분을 내가 먼저 행하고 함께 행복해지는 것입니다. 배려도 훈련이 필요합니다. 짝꿍 도시락처럼 아이들이 배려할 수 있는 상황이나 환경을 만들어 주세요. 맛있는 것은 '내가 다 먹을래.' 하고 싸우지 않고 공평하게 나누며, 친구가 맛있게 먹을 수 있도록 배려하면서 진정한 행복을 누리는 거지요.

"함께 나눠 먹자."

"이 김밥 네가 먼저 먹어."

"내가 껍질 벗겨 줄까?"

아이들은 배려하고자 하는 마음이 생겨도 어떻게 행동해야 할지 모르는 경우가 많습니다. 말과 행동으로 표현할 수 있도록 부모가 도와주세요.

"나무 시켜요"

유치원에서 제일 신경 쓰는 일과는 각반 선생님들과 인사를 하고 아이들 수업을 관찰하는 것입니다. 그날은 만 5세 반 아이들이 선생님과 함께 동극역할에 대해 이야기 나누기를 하고 있었습니다. 그 모습이 너무 사랑스러워 살며시 교실로 들어가 뒤에 앉아서 아이들의 이야기를 들었습니다.

나무와 동물들이 나오는 동극이었는데, 아이들 모두 흥미로워했습니다. 심판 역할을 하기 때문에 나무가 주인공이었습니다. 보통 동극을 할 때면 아이들은 주인공을 서로 하고 싶어 합니다. 그래서 선

짝꿍 도시락에는 함께 먹는 즐거움이 있습니다.
음식 맛뿐만 아니라 서로가 공감하는 사랑조미료가 더해지기 때문입니다.

생님들은 역할을 정할 때도 주인공은 마지막에 결정하곤 합니다.

드디어 나무 역할을 하고 싶은 사람 손들기를 하자 많은 아이들이 손을 들었습니다. 손을 든 아이들 중에는 서준이도 있었습니다. 서준이는 최근에 팔을 다쳐서 깁스를 하고 있었습니다. 보통은 가위, 바위, 보로 역할을 정하지만 그날은 달랐습니다. 깁스한 서준이가 손을 든 것을 보고 하늘이가 이렇게 제안을 했습니다.

"선생님, 서준이는 팔을 쓰지 못하니 서준이를 나무 시켜 주세요."

"얘들아, 너희들도 서준이가 나무해도 괜찮다고 생각하니?"

"네, 좋아요."

대견하게도 모든 아이들이 팔이 아픈 서준이가 나무 역할을 하는 것에 공감해 주고 동의했습니다. 가슴이 뭉클할 정도로 기뻤습니다. 앉아 있는 서준이를 보았습니다. 서준이는 깁스한 팔이 가슴 아래로 될 수 있으면 내려오지 않는 게 좋다는 의사의 지시 사항을 지키기 위해 의자 위로 팔을 걸치고 있었습니다.

서준이가 높이를 맞추고 편안하게 앉을 수 있도록 친구들이 돌아가면서 의자 위에 쿠션을 받쳐 주었습니다. 몸이 불편한 친구를 위해서 서로 배려하고 협동하는 모습이 참 자랑스러웠습니다. 그날 동극이 순조롭게 끝날 수 있었던 것은 서준이가 나무 역할을 할 수 있도록 추천해 준 하늘이의 역할이 컸습니다.

평소에도 친구들을 배려하고 양보를 잘하는 아이라 친구들도 하늘이를 좋아하고 잘 따랐습니다. 수업이 끝나고 저는 선생님과 함께 하늘이의 공감능력과 배려심에 대해 이야기를 했습니다. 선생님에게 아이들을 참 잘 교육했다고 칭찬을 해 주었습니다.

인성교육은 하루아침에 되지 않습니다. 많은 시간과 노력을 들여서 꾸준하게 해야지만 생활 속에서 자연스럽게 발현됩니다. 하원을 준비하면서 계단을 이용하는 서준이를 위해 친구들이 기꺼이 가방을 들어 주는 모습을 보며 아낌없는 칭찬과 미소를 보냅니다.

공감언어로
자존감과 자기주도적인
힘을 키운다

부모 교육을 할 때 이런 질문을 드린 적이 있습니다.

"어떤 부모가 되고 싶으세요?"

믿음직한 부모, 사랑을 많이 주는 부모 등등 다양한 답변이 나왔습니다. 그중에서 가장 많았던 답변이 '친구같은 부모'였습니다. 많은 부모들이 자녀들과 '친구처럼 편한 관계'를 만들어가고 싶었던 모양입니다.

청소년기의 자녀를 둔 부모는 '친구처럼 편한 부모'가 될 수 있다면 참 좋을 겁니다. 그런데 영유아기 자녀를 둔 부모라면 친구같은 부모는 적절하지 않다고 생각합니다. 친구같은 역할을 하려면 언어표현부터 서로 동급이어야 하는데 영유아기의 아이들과 부모는 너무나 큰 차이가 나기 때문입니다. 그뿐 아니라 신체능력이나 두뇌능력 등 여러 가지 면이 달라서 친구같은 관계를 만들기엔 무리가 있습니다.

영유아기의 아이들은 부모를 통해 세상을 배우고 알아갑니다. 그래서 친구같은 부모보다 신뢰감을 줄 수 있는 부모가 더 좋습니다. 이 시기에 아이들이 부모를 믿고 의지할 수 있는 존재로 각인한다면, 어떤 상황에서도 불안하지 않고 안정된 마음상태를 가질 것입니다. 힘들 때 믿고 의지하는 부모로부터 공감과 위로를 받는다면 쉽게 어려움을 극복할 수 있겠지요.

감정이 어떤지 알아보고, 귀 기울여 들어주세요

아이의 마음을 알아주는 게 왜 중요할까요? 앞서 이야기한 것처럼 어릴 때부터 부모가 마음을 잘 알아주고 어루만져 준다면, 아이는 존중받는다는 것이 얼마나 좋은지를 알게 됩니다. 스스로를 소중하게 생각할 뿐 아니라, 타인도 존중할 수 있게 됩니다. 그래서 부모는 아이의 감정에 어려움이 있을 때 귀 기울여 잘 들어주어야 합니다.

저희 유치원에 하민이란 남자 아이가 있었습니다. 하민이의 엄마는 워킹맘으로 타지에서 생활했고, 엄마 대신 외할머니가 양육을 맡았습니다. 외할머니는 사랑과 정성으로 아이를 돌보았지만, 하민이는 감정조절이 잘 되지 않고 모든 것을 울음으로 표현했습니다.

유치원에 다닌 지 얼마 안 된 어느 날, 담임선생님이 저에게 도움을 청했습니다. 하민이가 갑자기 책상 속에 들어가서 큰 소리로 울고 있다고 했습니다. 다른 아이들과 교사를 다른 방으로 이동하게 하고, 책상 아래에 숨어서 울고 있는 하민이에게 갔습니다.

"하민아, 선생님이 안아 주고 싶은데 책상 속에서 나올 수 있겠니?"

다행히 그 일이 있기 전에 몇 번의 대화가 있어서인지 하민이는 눈물범벅이 된 모습으로 기어 나왔습니다. 우선 하민이가 눈물을 멈출 수 있도록 무릎에 앉히고 꼭 안아 주면서 토닥토닥 해 주었습니다. 몸을 옆으로 살짝 흔들어 주면서 허밍으로 노래도 조용히 불러 주었습니다. 아이의 숨소리가 잦아들더니 안정되는 듯 느껴졌습니다.

"하민아, 선생님이 물 갖다 줄까?"

나는 미지근한 물을 준비해서 마시게 한 다음 아이를 유아용 의자에 편하게 앉게 했습니다. 그리고 마주 앉아서 공감대화를 시작했습니다. 가장 먼저 아이의 감정이 어떤지 알아보았습니다.

"우리 하민이가 많이 속상했나 보네. 지금 기분은 어떠니?"

"안 좋아요."

"기분이 안 좋구나. 우리 하민이 기분이 왜 안 좋은지 선생님에게 말해 줄 수 있니?"

"(다시 눈시울이 붉어지면서 울먹거림) 제가 미술영역 방을 청소하고 싶었는데 친구가 청소도구를 가져갔어요."

"저런. 하민이가 청소하고 싶었는데 친구가 청소도구를 가져가서 속상했구나. 그래서 울었구나."

"네."

"선생님도 열심히 청소하고 싶은데 친구가 청소도구를 가지고 가면 너무 속상할 것 같아. 선생님이 어렸을 때도 그런 경험이 있었거든."

"선생님도요?"

"(미소 지으며) 그럼. 하민이 지금 기분은 어떠니?"

"좀 좋아졌어요."

아이가 자신의 감정을 이야기하면 귀 기울여 들으면서 공감해 주어야 합니다. 아이는 자신의 감정을 누군가가 공감해 주었다는 것만으로도 위로를 받게 됩니다.

"그런데 다음에도 하민이가 청소하고 싶은데 친구들이 쓴다면 청소도구를 어떻게 하면 좋을까?"

"음, 청소도구를 함께 쓰자고 말할래요."

"아! 그러면 되겠구나."

"그럼 선생님이 친구라고 생각하고 울지 않고 이야기를 해 줄 수 있겠니?"

"친구야, 청소도구 함께 쓰자."

아이의 감정을 공감해 준 후에는, 앞으로 똑같은 일이 있을 때 어떻게 하면 좋을지를 생각해 보게 해야 합니다. 어른이 해답을 제시하는 것보다 아이 스스로 생각하게 해 주는 게 좋습니다. 그리고 머릿속의 생각을 입 밖으로 꺼내는 연습을 하는 것도 필요합니다.

아무리 생각을 잘해도 표현하지 않으면 소용이 없습니다. 어린 아이들은 자신의 감정과 생각을 있는 그대로 표현하는 데 어려움을 겪습니다. 그래서 울거나 떼를 쓰는 것으로 표현하기도 합니다. 이럴 때 부모는 아이가 생각하고 느끼는 대로 표현하는 방법을 가르쳐 주어야 합니다. 정확한 언어표현으로 말입니다.

하민이는 기분이 한층 좋아졌습니다. "이제 친구들이 있는 곳으로 가볼까?"라고 묻자 방긋 웃으며 고개를 끄덕였고, 저는 하민이를 친구들이 있는 교실로 데려다 주었습니다.

아이의 마음을 어루만져 주는 공감언어법

❶ 아이의 감정이 어떤지 알아보기

　　ex. 우리 OO이가 속상하구나.

❷ 아이의 감정이 상한 이유를 묻기

　　ex. 우리 OO이가 왜 속상한지 말해 줄 수 있을까?

❸ 아이의 말을 귀 기울여 들으며 공감하기

　　ex. 나도 우리 OO이와 같은 일이 있다면 참 속상할 거야.

❹ 같은 일이 있을 때 어떻게 하면 좋을지 생각하기

　　ex. 앞으로 이런 일이 또 있다면 그땐 어떻게 말하면 좋을까?

❺ 생각한 것을 직접 말해 보기

　　ex. 내가 친구라고 생각하고 말해줄 수 있겠니?

이처럼 아이의 감정을 공감해 주는 데에는 몇 가지 단계가 필요
합니다. 시간을 가지고 충분하게 공감해 주면 아이는 부정적인 감
정에서 벗어나 긍정적인 마음을 회복할 수 있습니다. 아이의 감정
을 어루만져 주어야 하는 순간에, 시간을 넉넉하게 잡고 아이에게
온전히 집중해야 합니다.

아이가 떼를 쓰거나 울면 부모는 그러지 말라고 야단 칠 게 아니라, 왜 그런 행동을 하는지 마음을 들여다볼 수 있어야 합니다.

제 딸이 유치원에 다닐 때 있었던 일입니다. 소풍을 가기 위해서 신나게 짐을 다 쌌는데, 아침에 비가 내렸습니다. 아이는 너무나 속상해서 고개를 떨구고 눈물을 글썽거렸습니다.

이럴 때 어떻게 하면 좋을까요? 울지 말라고 야단을 치거나, 나중에 소풍을 가면 된다고 점잖게 충고할까요?

저는 아이의 방에서 그림동화책 한 권을 찾았습니다. 《비오는 날의 소풍》이라는 책인데요. 소풍을 가기 위해 들떴던 아이는 아침에 비가 오는 걸 보고 너무나 속상해 합니다. 주인공은 상심한 아이를 위해 위기상황을 재치 있게 풀어갑니다. 딸은 이 동화책을 좋아해서 자주 읽어 달라고 했습니다. 저는 이 책을 찾아와서 아이와 함께 읽었지요.

그런 다음 어떻게 했을까요?

집안에서 미니 텐트를 치고 도시락을 먹으며 함께 놀았습니다. 창밖의 빗방울들을 관찰하며 이야기도 나누었습니다. 동화책 속 주인공처럼 멋지게 하지는 못했지만, 소풍 분위기를 내기 위해 노력했지요. 딸은 집에서도 소풍을 즐길 수 있다는 사실에 신기해하고 즐거워했습니다. 화창한 날의 소풍에 대한 추억도 좋지만, 예기치 못한 변화가 주는 즐거움을 느꼈던 것 같습니다.

언젠가 딸과 집에서 소풍했던 이야기를 나눈 적이 있습니다. 아이는 소풍을 가지 못했던 일을 속상했던 기억으로 저장하지 않았습니다. 엄마와 집에서 즐겁게 소풍했던 기억으로 갖고 있더라고요. 부모가 아이의 감정을 어떻게 공감해 주고 대처하느냐에 따라 아이의 머릿속 색깔이 불행에서 행복으로 바뀌는 것입니다.

아이가 자신이 기대하는 바가 무산되어 속상해 할 때 그 마음을 위로해 주고 같은 상황에서 어떻게 하면 좋을지를 함께 생각해 주는 것, 이런 것이 공감입니다.

인생을 살다 보면 이렇게 예상치 못한 상황을 많이 만나지 않나요? 부모가 자신의 마음을 알아 주고 있다고, 사랑받고 있다고 느낀 아이는 갑작스러운 변화에도 긍정적으로 반응하며 행복해할 겁니다.

공감대화는
최고의
친구 사귀는 법

  자신의 생각을 다른 사람에게 정확하게 표현하는 것은 쉽지 않습니다. 특히 세상을 살아가는 방법을 배우는 아이들에게는 처한 상황에 맞게 표현하는 방법을 알려 주거나, 올바르게 모델링 해 주는 것이 필요합니다.

  어릴 때부터 다양한 방법으로 표현할 수 있도록 도와주세요. 유아기에는 언어표현뿐만 아니라 오감발달을 돕는 표현 방법으로 신체표현, 미술표현, 음악표현 등이 있습니다. 특히 신체표현은 몸을 이용해서 생각을 표현하는 것으로 쉽지 않지만 기억하기에는 더 효과적입니다.

《비오는 날의 소풍》이라는 동화책을 읽고 자신의 생각과 감정에 대해 이야기합니다.

"비오는 느낌은 어떨까?"

"비오는 모습을 그림으로 그려 보자."

"비오는 모습을 몸으로 어떻게 표현할 수 있을까?"

이렇게 평소에 아이가 자신의 생각을 표현할 수 있도록 훈련해 준다면 다른 사람 앞에서 자신의 생각을 말하는 게 어렵지 않을 겁니다.

만 3세 아이들 같은 경우는 친구들과 함께 놀고 싶은 마음이 가득합니다. 그러나 언어로 어떻게 표현해야 할지를 몰라서 친구들 옆에서 그냥 서성이는 경우가 있습니다. 이럴 경우에 교사는 구체적인 의사표현을 할 수 있도록 모델링을 해 줍니다.

"친구야, 사이좋게 지내자."

"응, 그래, 함께 놀자."

서로 다툼이 있을 경우에는.

"친구야, 미안해."

"응, 괜찮아."라고 큰소리로 말하도록 격려합니다. 처음에는 대본 읽듯 어색해 하지만 시간의 흐름과 함께 자연스러워집니다. 그리고 아이들은 서로 활짝 웃으면서 친하게 지내거나 화해를 합니다.

친구들에게 공감언어 표현하는 방법

첫 번째, 나의 생각을 정확한 말로 표현하기(얼버무리거나 작은 목소리가 아닌, 잘 들리도록 분명하게 말해 주기).

두 번째, 친구의 표정을 보고 대답을 귀 기울여 듣기.

반대로 내가 공감언어 듣는 방법

첫 번째, 친구의 말을 귀 기울여 듣기. 잘 이해하지 못했다면 "어떤 말인지 잘 모르겠는데 다시 한 번 말해 줄래?" 하고 기분 좋게 물어보기.

두 번째, 친구의 말에 대해 자신의 답변을 솔직하게 말하기.

"우리 집에서 같이 놀래?"

"오늘 어디 가기 때문에 못 놀아. 미안해."

상황에 따라 목소리 톤이 달라요

외동인 하림이는 부모의 사랑을 듬뿍 받고 자랐습니다. 유치원에서는 예의 바르고 모범적이지만 마음이 여려서 눈물이 많습니다. 하림이 어머니는 집에서는 딸아이의 행동이 정반대라고 하십니다. 활발하고 자신의 생각대로 하려고 한답니다. 유심히 관찰해 보니 하림이는 새로운 상황에서 낯가림이 심했습니다. 목소리가 작았습니다. 그러나 적응이 되면 친구들과는 밝고 큰 목소리로 자신의 의사를 잘 표현했습니다.

어느 날 유치원에서 부모님들을 초대하여 그동안 배운 것을 발표하기로 했습니다. 모두들 열심히 연습을 했습니다. 하림이도 열심이었습니다. 그런데 하림이 목소리가 1미터 앞에 있는 사람에게도 들리지 않을 정도로 작았습니다.

평소 하림이의 목소리 톤을 알고 있기에 저는 하림이와 따로 개인상담을 했습니다. 물론 다른 사람 앞에서 말하거나 발표할 때의 어려움에 대해 충분하게 공감대화를 먼저 했습니다.

"하림아, 우리가 말을 할 때는 5단계가 있단다(목소리 톤을 모델링해 준다). 1단계는 나만 알아듣게 말하기. 2단계는 바로 옆 친구만 알아듣게 말하기. 3단계는 모둠에 있는 친구들이 알아듣게 말하기. 4단계는 제자리에 서서 선생님이 알아듣게 말하기. 5단계는 앞에 나와서 교실 끝에 앉아 있는 친구가 알아듣게 큰 소리로 또박또박 말하기. 그러니 남 앞에서 발표할 때는 5단계의 목소리로 말하는 거란다."

하림이는 저를 따라서 몇 번 연습하였고 저는 아이가 잘 할 수 있다고 격려해 주면서 꼭 안아 주었습니다. 아이를 볼 때마다 상기시켜 주었으며 담임선생님에게도 응원과 지지를 보내 주라고 부탁했습니다.

당일 날 하림이는 많은 부모들 앞에서 5단계의 씩씩한 목소리로 발표를 했습니다. 정말 감동적인 경험이었습니다. 아이들에게는 '크게 이야기 하자'라고 하는 것보다는 이렇듯 단계적으로 구체적인 예를 들어 주는 것이 좋습니다.

저희 유치원에서는 손가락을 이용, 아이들이 상황에 맞는 목소리 톤을 사용하도록 자연스럽게 훈련시키고 있습니다. 손가락 하나를 보여 주면 1단계 목소리로 말하기, 두 개는 2단계로 선생님들과의 손가락 언어표현 약속입니다. 하지만 이보다 더 중요한 것이 있습니다. 그것은 바로 아이들이 어려움을 겪을 때 옆에서 항상 너를 믿고 응원하고 있다는 공감을 보여 주는 것입니다.

친구 편지 왔어요

만 3세 동수는 엄마와 떨어져서 등원하는 게 힘든 아이입니다. 기분 좋게 유치원에 오다가도 유치원 현관 앞에 서면 눈물을 보입니다. 마음이 여리고 애교가 많아서 두 형제 중에 딸같은 역할을 합니다. 동수는 엄마와 있을 때는 울지만 유치원에 들어오면 진정이 되고 잘 지내는 편입니다. 하지만 본인 뜻대로 되지 않으면 기가 죽거나 울음을 터트렸습니다.

이런 동수를 위해서 선생님들은 많이 안아 주었습니다. 또 주도적으로 활동할 수 있도록 리더의 역할도 주었습니다. 만 4세가 되자 동수는 즐겁게 등원하기 시작했습니다. 이에 교사들도 보람을 느꼈습니다.

문제는 방학이었습니다. 초등학교 여름방학이 한 달 정도라면 유치원은 방과 후 과정반을 제외하면 2주 정도 됩니다. 초등학교에 다니는 동수 형은 여전히 방학 기간인데, 동수는 유치원에 오게 되자 만 3세 때처럼 또 울면서 등원하기 시작했습니다.

이번에는 엄마가 보고 싶어서가 아니라 친구들이 안 놀아 줘서 슬프다고 합니다. 일 년이 지나자 관심사가 엄마에서 친구로 서서히 움직이고 있는 거지요. 저는 우는 동수를 꼭 안아 주었습니다. 아이가 진정되면 물을 마시게 한 후 공감대화를 시작했습니다.

"동수야, 의자에 앉아 보자. 동수가 많이 속상한가 보네."

"슬퍼요!"

"동수 기분이 슬프구나."

"선생님이 동수가 슬프게 우니까 걱정이 많이 되네. 선생님에게 왜 울었는지 이야기해 줄 수 있겠니?"

"친구들이 같이 놀아 주지 않아서 유치원에 오기 싫어요."

"저런, 친구들이 놀아 주지 않아서 유치원에 오기 싫구나? 그래서 눈물이 났구나."

"네"

"그럼, 동수는 친구들이 동수랑 재미있게 놀면 유치원에 즐겁게 등원할 수 있겠네."

"네"

슬픈 아이의 감정을 알아봐 주려 노력하였고, 아이 스스로 슬픈 이유를 말로 표현할 수 있도록 도왔습니다. 더 나아가서 누구랑 놀고 싶은지, 친구들과 무엇을 하면서 놀고 싶은지 스스로 생각해 볼 수 있도록 공감대화를 이어갔습니다. 이때 아이가 하는 말을 경청하며 최대한 부드러운 얼굴 표정으로 선생님이 공감하고 있다는 것을 느끼도록 했습니다.

"우리 동수는 반에서 누구랑 놀고 싶니?"

"그럼, 우리 동수는 친구들하고 무엇을 하면서 놀고 싶니?"

"동수야, 친구들에게 동수 마음을 전달하기 위해서 어떻게 하면 좋을까?"

"음, 편지 쓰고 싶어요."

"그래, 편지를 주는 것도 동수의 마음을 전달하는 좋은 방법이네."

"선생님도 아이였을 때, 선생님이 좋아하는 친구에게 편지를 쓰고 사탕과 함께 주었더니 친구가 굉장히 좋아했단다."

"선생님도요? 그럼, 저도 초콜릿을 주고 싶어요(원장실에 있는 초콜

릿도 함께 주기로 함)."

"선생님과 함께 지금부터 편지 쓰기를 해 볼까?"

"네"

동수는 공감대화 후에 한결 밝은 표정으로 진지하게 편지 쓰기를 시작했습니다. 저는 아이 스스로가 문제 해결책을 찾아볼 수 있도록 했고, 그것을 직접 말해 보도록 공감대화를 이끌었습니다.

대화 후에 저는 '동수 친구 사귀기 프로젝트'를 한 주 동안 이어 가기로 약속했습니다. 매일 등원하면 원장실로 와서 친하게 지내고 싶은 친구에게 편지 쓰기를 하자고 했습니다. 동수가 매일 편지를 쓰면 저는 그 편지를 함께 예쁘게 포장합니다. 그리고 아이가 직접 주인공에게 줍니다. 동시에 담임선생님과 상의해서 '친구 편지 왔어요.' 코너를 교실에 만들어 주고 모든 아이들이 함께 참여하도록 했습니다.

어머니와도 대면상담과 전화상담을 통해 궁극적인 원인을 찾았습니다. 어머니는 막내 동수가 너무 예뻐서 형하고 싸울 때면 동수 앞에서 형을 야단치고 동수 편을 들었다고 합니다. 더 큰 문제는 아직도 동수 어머니가 두 아들과 함께 잠을 잔다는 것입니다.

저는 형제간의 서열이 중요함을 강조했습니다. 동생 앞에서는 형을 야단치지 말고 형의 위상을 세워서 동수가 형을 존경할 수 있도록 해 줄 것을 제안했습니다. 동수 어머니는 이번에 아이들 방을 각각 준비 중이라고 하시면서 아이들이 따로따로 독립해서 잘 수 있도록 하겠다고 약속하셨습니다.

동수는 친구 사귀기 프로젝트 이후로 친구들과의 관계에서 긍정적으로 변화하고 있습니다. 유치원도 즐겁게 다니고 있습니다. 동수의 경우처럼 감정을 어루만져 주는 일은 시간과 정성이 많이 소요됩니다. 하지만 힘든 경우일수록 많은 애정을 가지고 아이의 입장에서 공감대화를 꾸준하게 이끌어 간다면 아이는 신뢰감을 갖고 부모가 믿는 만큼 쑥쑥 자라날 겁니다.

공감력과 이해력을 키우려면 '눈뽀뽀'를 마음껏 하게 두어라

발달 단계에 맞는 적기critical period가 있습니다. 영아기에는 이유식은 언제하고, 배변훈련은 언제 하는지 등등이지요. 이처럼 생애 주기 전체에 걸쳐서 이루어지는 적기도 있지만 아이들에게는 매 순간이 적기입니다.

그렇다면 아이들에게 경청하는 힘을 키워 주기 위한 적기는 언제이고, 그러기 위해서 부모는 어떻게 해야 할까요?

'눈은 밖에 있는 뇌'라는 말이 있습니다. 아이들과 '이야기 나누기 수업'을 하다 보면 그 아이가 집중을 하고 있는지, 아니면 다른 생각을 하고 있는지 눈빛으로 알 수 있습니다. 특히 아이들의 집중

시간은 성인보다 짧습니다. 때문에 집중하는 시간이 다른 아이들보다 길고 수업에도 적극적으로 참여하는 아이들을 보면 참 대견하고 기특합니다.

일상생활에서도 엄마와 아빠가, 상대방의 말을 경청하고 그 상황에 집중하는 능력을 키워 줄 수 있습니다. 물론 간단합니다. 하지만 매번 실천하기는 쉽지 않습니다. 아이가 엄마를 부를 때마다 즉시 반응해야 합니다. 하던 일을 멈추고 '응' 하고 대답하면서 아이와 사랑스럽게 '눈뽀뽀(눈 맞추기)'를 하는 겁니다.

이런 모습을 보고 자란 아이는, 눈을 마주치면서 공감할 수 있는 자세로 상대방의 이야기를 경청합니다. 학년이 올라갈수록 선생님의 말을 집중해서 듣는 힘이 생깁니다. '눈뽀뽀'의 중요성은 최근 많은 연구를 통해 과학적으로 증명되고 있습니다.

아이들 머릿속에는 거울이 있어요

이탈리아의 신경심리학자인 리촐라티Giacomo Rizzolatti 교수는 자신의 연구진과 함께 원숭이에게 다양한 동작을 시켜보았습니다. 그리고 그에 따라 관련된 뇌의 뉴런이 어떻게 활동하는가를 관찰하였습니다.

원숭이 앞에서 실험자가 오른손으로 물건을 만지면 반대쪽 왼쪽

뇌의 에너지가 활성화되는데, 이것을 보고 있던 원숭이의 뇌도 같은 작용이 발생합니다. 이에 관련된 뉴런을 '거울뉴런'이라고 합니다. 즉, 관찰 혹은 다른 간접 경험만으로도 마치 내가 그 일을 직접 하고 있는 것처럼 반응한다는 거지요.

이러한 '거울뉴런' 이론은 영유아기 아이들에게 부모나 교사들이 어떻게 행동해야 하는지를 뒷받침해 줍니다. 특히 아이들은 모방으로 세상을 살아가는 방법을 학습합니다. 무엇인가를 따라 하기 위해서 부모나 교사의 말과 행동을 유심히 관찰하는데, 이때 아이들의 뇌 안에서 '거울뉴런'들이 열심히 반응한다고 합니다. 자신도 그 말이나 행동을 직접 하는 것처럼 느끼게 되는 거지요.

유치원 신학기가 되면 교사들은 초긴장을 합니다. 엄마 보고 싶다고 우는 아이가 생기기 때문이지요. 태어난 지 36개월 정도를 막 지난 아이들에게는 아무리 예쁘고 편안하게 환경을 꾸며놓고 상냥하게 대해 줘도 낯설고 힘든 모양입니다. 이때 저는 우는 아이의 전담교사가 됩니다. 맑고 예쁜 두 눈에 굵은 눈물을 뚝뚝 흘리면서 엉엉 울 때는 정말 안쓰럽습니다.

우는 아이의 눈물을 닦아 주고 물도 먹이면서 토닥토닥 안아 주다 보면 아이는 어느새 편안함을 느끼며 숨소리가 잦아듭니다. 어느 정도 진정되면 아이와 대화를 시도해 봅니다. 이럴 때마다 신기한 경험을 하게 되지요.

눈빛으로 마음을 알아차린다는 것은
공감하고 이해하는 능력이 있다는 것입니다.

아이에게 웃는 얼굴로 말을 걸면 제 얼굴을 빤히 쳐다보면서 신기하다는 듯이 관찰하는 눈빛을 보이는 겁니다. 아이는 대화에 집중하고 결국에는 환한 표정으로 미소를 보여 줍니다. 이러한 경험을 토대로 아이들과 소통할 때에는 항상 얼굴 표정에 더 신경을 씁니다. 눈을 마주치지 못하고 고개를 숙이거나 시선을 다른 곳에 두는 아이에게는 이렇게 부탁합니다.

"우리 준서가 많이 슬펐나 보구나. 선생님이 우리 준서 얼굴 보고 싶은데, 함께 '눈뽀뽀' 해 볼까요?"

아이들은 눈뽀뽀라는 말을 듣고 빙그레 웃기도 합니다. 신기하게도 저의 웃는 얼굴은 아이들의 마음을 쉽게 열어 줍니다. 눈을 마주치면서 안아 주다 보면 아이는 제가 아이의 마음을 공감하고 있다는 것을 느끼게 됩니다. 아이들의 뇌 속에서 거울뉴런들이 열심히 활동한 덕분이겠지요. 이런 과정을 반복하면서 아이들은 교사에 대해 믿음을 갖게 되고 낯선 환경에 빠르게 적응하는 것을 볼 수 있었습니다.

눈치 있는 아이로 키워 주세요

홍양표 박사는 《엄마가 행복해지는 우리 아이 뇌 습관》에서 마음에도 눈이 있으며, 마음의 눈 밝기를 '눈치'라고 말합니다. 그리고 세상을 살아가기 위해서는 눈치 있는 아이로 키워야 한다고 하면서, 서로 눈을 바라보며 말하는 것이 좋다고 강조했습니다.

눈빛으로 마음을 알아차린다는 것은 공감하고 이해하는 능력이 있다는 것입니다. 눈치 있는 아이가 다른 아이보다 리더십이나 통찰력이 발달하는 이유는 바로 그 때문입니다. 유치원에서 하는 '영역별 놀이 수업'은 아이들 간에 서로 눈을 보면서 진행하기에 눈치 발달에 큰 도움이 됩니다.

아이들은 눈을 통해서 책이나 교재에 있는 지식뿐만 아니라 사람의 마음을 들여다보고 함께 살아가는 방법을 배웁니다. 특히 두뇌의 발달이 왕성하게 이루어지는 영유아기에는 부모나 교사가 보여 주는 태도에 의해서 자극을 많이 받습니다. 그러기에 아이들과 대화를 할 때에는 항상 '눈뽀뽀'를 하면서 아이의 생각과 마음을 들여다보려고 노력해야 합니다.

바쁜 일상생활이지만 아이들이 자라는 매 순간이 발달의 적기임을 알고 즉각적으로 눈을 마주치면서 반응해 주는 습관을 길러 주세요.

대디 데이가
육아의 균형을 잡아 준다는 것
알고 있나요?

　　　　육아에 있어 아빠의 역할은 너무나도 중
요합니다. 아이는 아빠와 엄마의 공동 양육을 통해 균형감 있게 자
라납니다. 그렇기에 아빠가 바쁘다고, 혹은 엄마 혼자 잘할 수 있다
고 해서 아빠가 육아에 빠져서는 절대 안 됩니다.

　최성애, 조벽, 존 가트맨 박사는 《내 아이를 위한 감정코칭》에서
아이들은 감정을 통해 세상을 알아간다고 소개하고 있습니다. 가
족이 많으면 다양한 감정을 교류하고 경험할 기회가 많아집니다.
또 감정을 인정받고 감정을 어떻게 처리해야 하는 지를 배울 기회
도 풍부해집니다.

핵가족일수록 아빠가 필요합니다. 아이들의 공감능력을 키워 주기 위해서는 더욱 아빠와의 관계가 좋아야 합니다. 타인과의 공감능력은 엄마의 노력만으로 안 됩니다. 다시 말해 아이가 다양한 시각으로 공감능력을 갖추기 위해서는 아빠의 교육 참여가 절실하다는 것입니다.

교육 칼럼니스트 정옌팡은 자녀를 우수한 인재로 키우는 데 있어 부모의 교육방식이 가장 중요하다고 말합니다. 특히 그의 저서 《아빠 교육의 힘》에서는 자녀가 성장하는 과정에 아빠는 없어서 안 되는 중요한 사람이라고 강조했습니다.

더구나 아빠가 갖고 있는 독특한 기개는 무의식중에 자녀에게 큰 영향을 미친다고 하면서 강인함, 낙관, 자신감, 독립, 관용 등의 성격과 품성을 기르는데 지대한 작용을 한다고 말합니다. 엄마와의 관계에서 경험할 수 없는 무한한 배움과 행복함을 이제는 아빠들이 아이들에게 선물할 때입니다.

딸이 유아기 때 아빠는 한창 회사에서 일을 배우고 조직원으로서 열심히 적응할 때였습니다. 새벽에 출근하고 새벽에 들어오는 일이 잦았습니다. 그러다 보니 아이와 함께하는 시간이 거의 없었습니다. 어느 순간 아이는 아빠라는 존재에 대해서 무심한 듯 생각하기 시작했습니다. 휴일이면 온 가족이 무기력한 시간을 보내곤 했습니다. 원래 남편은 에너지가 많고 활동적인 사람인데 아이랑 어떻게 놀아 줘야 하는지를 몰랐던 것입니다.

저는 대학에서 유아교육을 전공했기 때문에 이 시기가 여러 가지 발달이 복합적으로 일어나는 적기임을 알고 있었습니다. 그래서 결단을 내려야만 했습니다. 남편에게 대화의 시간을 요청했습니다. 지금 아이가 당신을 어떻게 생각하고 있는지?, 맞벌이 하는 입장에서 나의 애로사항은 뭔지? 남편이 공감할 수 있도록 이야기를 했습니다. 그러고 나서 육아뿐만 아니라 가사까지 함께 참여해 줄 것을 부탁했습니다.

"여보, 당신이 우리 가정을 위해 최선을 다해 일해 줘서 진심으로 고마워요. 하지만 우리 딸에게는 이 시간이 되돌릴 수 없는 아빠와의 행복한 추억을 만들 단 한 번의 시기랍니다. 아이에게는 지금 함께 놀아 주는 아빠가 필요해요. 당신의 현명한 선택이 궁금해요."

다행히 남편은 딸과의 시간이 얼마나 소중한지 진지하게 생각했고, 그 결과 매주 주말을 '아빠의 날'로 정해서 재미있는 추억을 쌓기 시작했습니다.

아빠와 데이트 하는 날

매주 주말 중 하루는 '대디 데이'라고 아이에게 말했습니다. 이날 은 아빠와 딸이 공감능력 키우는 날이 되었습니다. 대디 데이는 말 그대로 아빠와 아이가 함께하는 날입니다. 물론 엄마 없이 말이죠.

아빠도 이날은 혼자서 아이와 놀아 줘야 한다는 생각에 어떻게 놀아 줘야 하는지를 계획하기 시작했습니다. 아이도 엄마를 찾지 않고 아빠만 따르니 아빠는 신이 나서 더 멋진 이벤트를 만들었습 니다.

대디 데이는 저에게도 너무 기다려지는 시간이었습니다. 짧게는 반나절, 길게는 하루를 저 자신의 휴식과 여가 시간으로 쓸 수 있었 기 때문이었습니다. 맞벌이와 가사, 육아까지 해야 했던 저에게는 너무나도 절실한 재충전의 시간으로 가족의 소중함에 대해 다시 깨닫게 되는 계기가 되었습니다.

대디 데이는 아빠와 아이가 함께하는 다양한 활동으로 진행되었 습니다. 처음에는 아이와 재미있는 시간을 보내고 행복한 추억을 만드는 것이 목적이었지만 그로부터 아이가 얻는 교육 효과는 정 말 훌륭했습니다. 직접 체험하며 배운 지식들과 아빠와의 관계에 서 느낀 공감형성은 아이의 행복한 두뇌를 발달시키는데 영향력이 매우 컸습니다. 여러 가지 활동을 통해서 아이는 융통성 있는 시각으로 세상과 공감할 수 있는 큰 성과를 얻었습니다.

아이가 어릴 때는 아빠와 함께하는 요리 시간이 많았습니다. 앞치마를 두른 두 사람은 주방을 놀이터 삼아 여러 가지 식재료를 이용해서 창의적인 음식을 만들었죠. 육아 경험이 부족한 아빠는 아이와 어떻게 대화를 하면서 공감대를 형성할지 몰라 어려워했습니다. 저는 이 시기의 오감교육이 아이들의 행복한 두뇌 만들기에 얼마나 중요한지 알았기에 다음과 같은 대화를 아이에게 시도했습니다.

"자, 냉장고 속 나라로 탐험을 떠나 볼까요?"
"지금부터 이 재료들을 가지고 무엇을 요리하면 좋을까?"
"양파에서 어떤 냄새가 날까?"
"브로콜리 맛은 어떨까?"
"감자를 깎으면 무슨 색깔일까?"
"밀가루 반죽을 만졌을 때 어떤 느낌이 드니?"

시행착오를 많이 거치며 아빠와 딸은 서로 잘 맞는 요리사가 되었습니다. 아빠와 함께하는 요리 시간은 여러모로 아이에게 공감할 수 있는 좋은 추억과 교육이 되었습니다. 그러나 난장판이 되어 있는 주방과 거실을 볼 때는 너무 괴로웠지만 시간이 지날수록 제 스스로가 관대함을 갖게 되었습니다. 남편에게도 요리를 하고 나서는 정리정돈을 하는 게 좋을 것 같으니 아이와 함께 게임하듯 놀면서 할 수 있도록 제안했습니다. 남편도 점점 요령이 생기는지 처음에 비해 많이 나아졌습니다.

비가 오는 날이면 우리 집은 헬스장이 됩니다. 당시 인기 배우 최수종이 아이들을 위한 '아빠와 함께하는 체조 비디오'를 제작했는데, 딸도 비디오에 나오는 대로 아빠와 함께 따라 하는 것을 좋아했습니다. 유아 의자를 활용해서 아이가 자세를 잡으면 아빠가 도와주는 식의 대근육을 발달시킬 수 있는 프로그램으로 기억합니다.

대디 데이는 아이가 초등학생이 되어서도 이어졌습니다. 이때부터는 아이의 신체발달이 왕성해지기 때문에 운동기구를 이용해서 밖에서 하는 활동이 주를 이루었습니다. 저학년 때는 인라인, 킥보드, 자전거 타기 등을 즐겼고, 고학년으로 갈수록 상대방이 꼭 있어야 하는 운동을 하면서 놀았습니다. 이때는 차 트렁크에 배드민턴 채와 셔틀콕이 항상 준비되어 있어서 언제나 시간이 되면 어디서나 꺼내서 게임을 했던 기억이 납니다.

이 시기는 대디 데이가 저희 가정뿐만 아니라 친척 모임으로 확대되었습니다. 다행히 딸과 비슷한 연령대의 조카들이 많아서 함께 노는 즐거움이 두 배가 되었습니다. 엄마들이 함께 참여하는 경우도 있었으나 아빠들과 아이들만 모여서 노는 경우가 딸과 아빠 간의 유대감과 공감대가 훨씬 더 좋았습니다.

봄에는 초록 세상이 된 공원에 모여서 예쁜 꽃들과 함께 도시락을 나눠 먹고 도란도란 이야기를 나누었습니다. 그 덕분에 자주 볼 수 없는 조카들과의 추억도 쌓고, 여름에는 물놀이장에 모여서 아빠들만이 해 줄 수 있는 해적놀이도 함께 즐겼답니다.

딸은 아빠와 신나게 놀고 귀가한 날은 두 사람 사이의 케미chemi 가 사랑으로 무르익어서 아빠가 얼마나 멋진 사람인지 엄마에게 자랑하기 바빴습니다. 그런 딸의 모습을 보는 것은 저에게 무한한 행복감을 안겨 줬고 애써 준 남편이 너무 고마웠습니다.

딸이 성장함에 따라 대디 데이의 이벤트도 여러 형태로 변화되었습니다. 딸이 중학생 때는 음악 작곡에 관심이 많았습니다. 컴퓨터를 이용해서 작곡하는 미디 프로그램에 집중했습니다. 엄마와는 달리 컴퓨터와 전자기기에 해박한 지식을 갖고 있는 아빠는 주말이면 딸과 함께 전자키보드를 구경하러 나갔습니다. 아이와 함께 관련된 공연이나 학교에 데려다 주기도 했습니다. 선호하는 영화 장르도 아빠와 동일해서 성인이 된 지금까지도 둘이서 조조영화를 보러 갑니다. 저희 집에서 대디 데이는 여전히 진행 중입니다.

처음에는 남편에게도 대디 데이가 큰 의무감으로 다가왔을 겁니

아빠가 아이에게 줄 수 있는 무한한 가능성을 믿고
아이를 아빠에게 맡기세요.

다. 그러나 시간을 투자한 만큼 아이와 공감할 수 있는 이야기가 많아지자 어느새 함께 즐기게 되었습니다. 이제는 딸과의 대디 데이가 별로 많지 않다는 것을 느끼는지 아쉬워합니다. 앞으로 딸에게는 아빠보다는 친구, 애인과의 시간이 더 필요하게 되겠지요.

아빠에게 배워요

대디 데이는 아이와의 즐거운 놀이뿐만 아니라 가정 일을 서로 돕기 위한 날이기도 했습니다. 저는 주말이면 집안을 청소하고, 주중에 모아 두었던 생활 쓰레기를 정리하곤 했습니다. 대디 데이는 아빠와 아이가 짝꿍이 되는 날이기 때문에 아빠가 쓰레기를 버릴 때마다 아이는 분리수거 담당이 되었습니다. 자연스럽게 플라스틱 라벨을 제거하고 유리병은 뚜껑과 분리해서 버리는 방법들을 체득하게 되었습니다.

아빠는 종이류를 버리는 방법에 대해 실제로 보여 주기도 하고 이런 생활 쓰레기들이 어떻게 재활용되는지 설명해 주기도 했습니다. 아이는 이런 아빠가 지식백과처럼 훌륭하다고 생각했습니다. 쓰레기 분리수거 하나만으로도 둘만의 끈끈한 공감대가 형성되었습니다. 어릴 때부터 놀이처럼 시작하니 아이도 즐거워했고, 아빠도 아이와 함께하니 아이가 잘 성장할 수 있도록 교육한다고 생각했습니다.

대디 데이는 부부가 아이에 대해 정보를 공유하고 육아의 어려움을 서로 위로하면서 공감할 수 있는 날이었습니다. 딸에게는 엄마와의 관계에서는 배울 수 없는 부족한 부분을 아빠로부터 채울 수 있는 의미 있고 재미있는 날이었습니다.

요즘 본인의 방식만이 옳다고 아빠의 의견을 무시한 채 혼자서 육아를 책임지는 엄마들이 많습니다. 아빠와 함께하세요. 아빠들이 아이에게 줄 수 있는 무한한 가능성을 믿고 지지해 주세요. 가족 구성원이 모두 정서적으로 공감대를 형성했을 때 아이는 행복하다고 느낍니다.

동생이 태어나면
동생 육아에
참여시켜라

　　　　외동으로 온갖 부모의 사랑을 다 받던 형은 동생이 태어났을 때 인생 최대의 위기를 맞습니다. 유치원에서도 이런 경우는 아이들의 심리나 정서를 더 신경 써서 관찰하게 됩니다. 심하면 문제행동뿐만 아니라 퇴행행동까지 보이기 때문입니다. 화장실 사용을 잘하던 아이가 바지에 그냥 실수를 한다거나 맘마, 찌찌 같은 동생 언어를 흉내 내며 어리광을 피우기도 합니다.

　홍양표 박사는 부모 강의에서 둘째가 태어났을 때, 첫째의 상실감을 부모가 충분하게 공감해 주는 것이 필요하다고 말합니다. 그리고 엄마가 신생아 동생을 병원에서 낳고 집으로 돌아올 때, 아기를 엄마가 직접 안고 오는 것은 삼가라고 말합니다.

엄마가 동생을 안고 집으로 귀가하는 상황에서 첫째의 감정은, 남편이 첩을 데리고 집으로 들어오는 모습을 보는 본처의 감정과 같다고 합니다. 될 수 있으면 첫째가 병원에서 동생의 탄생을 함께 경험하게 해 주고 그럴 수 없다면 집으로 동생을 데려갈 때 엄마가 아니라 다른 사람이 동생을 안고 들어갈 수 있도록 해 주세요.

동생이 태어났을 때 소외감을 느끼지 않도록 형의 마음을 충분하게 공감해 주세요. 형의 존재감을 높여 줘서 새 가족이 생기므로 더 행복하고 축복 받았다고 느끼게 해 주세요.

첫째 편이 되어 주세요

우진이네는 맞벌이 가정입니다. 그래서 우진이가 만 4세가 되기까지는 할머니가 양육을 맡아 주셨습니다. 우진이는 외동으로 양가 친척들의 예쁨을 독차지하며 밝고 씩씩하게 자랐습니다. 유치원에서도 학습능력이 뛰어나고 모든 일에 솔선수범하는 멋진 아이였습니다. 친구들하고도 잘 지냈지요.

우진이 어머니는 우진이 동생을 출산하기 한 달 전부터 휴직을 하셨습니다. 그래서 우진이는 할머니 손이 아닌 엄마의 손을 잡고 유치원에 등원했습니다. 어머니는 그동안 직장을 다니시느라 우진이에게 신경을 못 썼다며 우진이를 위해 많은 시간을 함께하려고 노력하셨습니다. 그렇게 우진이는 엄마와 행복한 시간을 보내고 겨울을 맞이하게 되었습니다.

겨울이 깊어갈 무렵 우진이 동생이 건강하게 태어났습니다. 한 달 뒤쯤 어머니는 저와 상담을 원하셨습니다. 동생이 태어난 이후로 우진이가 엄마 말을 너무 듣지 않고 동생을 괴롭힌다고 속상해 하셨습니다. 심지어 동생이 잠 잘 때는 오히려 실내에서 공놀이를 하며 시끄럽게 해서 어머니는 동생이 다칠까봐 예민해진다고 걱정을 하셨습니다.

해쓱해진 어머니의 모습을 보며 육아의 고단함이 느껴져서 많이 안타까웠습니다. 유치원에서 우진이가 잘 지낼 수 있도록 더 신경 써야겠다고 다짐했습니다.

저는 어머니에게 동생이 태어났을 때 첫째들이 겪는 심리적인 어려움과 상실감에 대해 말씀드렸습니다. 될 수 있으면 우진이 편이 되어 달라고 부탁드렸습니다. 그리고 동생 육아에 우진이를 참여시켜서 우진이가 동생을 더 이해하고 애정을 가질 수 있도록 배려해 달라고 했습니다.

예를 들면, 동생의 기저귀를 갈 때 우진이에게 이렇게 물어봐 주세요.

"동생이 기저귀 갈아 달라고 우는데 엄마가 기저귀를 갈아 줘도 될까?"

"네가 엄마 좀 도와주겠니? 기저귀 좀 가져다 줄 수 있니?"

때로는 어설프더라도 우진이가 젖병을 잡아 줄 수 있도록 기회를 주세요.

"동생이 배고프다고 우는데, 우진이가 젖병으로 먹여줄 수 있겠니?"

또 동생이 잠이 많은 신생아임을 감안해서 첫째인 우진이와 단둘이 하는 데이트 시간을 자주 가지도록 부탁드렸습니다. 겨울이지만 한참 대근육 활동이 필요한 성장기에 있는 우진이를 위해 하루에 한 번은 놀이터에서 신나게 공놀이를 할 수 있도록 말입니다.

둘만의 시간 동안 우진이에게 집중하고, 동생으로 인해서 소외감과 상실감을 느끼지 않도록 따뜻한 공감대화를 많이 할 것을 제안했습니다. 동생과의 관계에서 퇴행현상이 보일 때는 무관심하게 대하고, 잘했을 때는 칭찬을 해 주시라고 덧붙였습니다.

형으로서 우진이의 경험은 지금도 진행 중입니다. 그러나 유치원에서 점점 의젓하게 행동하는 우진이를 볼 때면, 가정에서 어머니가 열심히 실천하고 계시는 것 같아 안심이 되고 한편으로 뿌듯했습니다.

동생을 위한 육아를 할 때 첫째에게 의사를 물어보고 상의해 주세요. 첫째는 본인이 존중받는다고 느낌과 동시에 동생에 대한 책

동생은 돌보고 보살펴야 하는 소중한 존재라는 것을
형이 자연스럽게 공감할 수 있도록 해 주세요.

임감도 갖게 됩니다. 동생은 돌보고 보살펴야 하는 소중한 존재라는 것을 자연스럽게 공감할 수 있도록 해 주세요.

우리는 한 가족이예요

이번에 은주에게 동생이 생겼습니다. 은주 어머니가 육아 휴직을 하시어 등·하원하면서 자주 뵙게 되었습니다. 아이 돌보시느라 힘드실 텐데, 항상 부드러운 미소로 아기를 안고 은주를 등원시켜 주십니다.

아기가 유모차에 앉아 있는 모습은 흥미로웠습니다. 요즘 육아 용품이 다양하고 새로운 게 많이 개발되었다고 하지만 이건 정말 좋아 보였습니다. 동생 유모차에 은주가 함께 타고 다닐 수 있도록 바퀴 달린 보조 보드판이 달려 있었습니다.

은주는 귀가할 때마다 유모차 옆에 바로 붙어서 동생과 함께 엄마가 미는 유모차를 타고 갑니다. 세 명의 가족 구성원이 하나가 된 느낌이었습니다. 뒷모습이 정말로 행복해 보입니다. 대부분 그렇듯이, 엄마는 아기의 유모차를 끌고 언니는 혼자 걸어서 가는 것과는 느낌이 다릅니다.

등원할 때도 은주네는 행복이 뿜뿜 솟아납니다. 어머니가 아기 띠를 이용하여 동생을 안고, 은주는 엄마 손을 잡고 등원합니다. 엄마와 공손하게 인사를 한 은주는 동생 발바닥과 얼굴에 애정 어린 뽀뽀를 합니다. 동생은 은주의 이런 표현이 익숙한 듯 까르르 까르르 함박웃음을 보여 줍니다. 이 모습을 보는 저까지도 기분 좋게 하루를 시작합니다.

이뿐만이 아닙니다. 아빠 참여 수업이 있는 날은 아빠는 어른 킥보드를, 은주는 유아용 킥보드를 씽씽 타고 멋지게 등원합니다. 아빠랑 함께 타는 것을 즐기는 은주가 정말로 신나 보였습니다. 이 모든 아이디어가 아빠로부터 나왔다고 합니다.

은주는 동생이 태어나서 소외감과 상실감을 느끼는 게 아니라 가족이 하나로 완성된 느낌을 받은 것 같았습니다. 아버지는 은주와 대화도 자연스럽게 나누시고 활동적인 은주를 위해서 몸으로 많이 놀아 주시는 것을 볼 수 있었습니다.

어느 날 어머니에게 상담전화를 한다는 것이 아버지에게 걸고 말았습니다. 아버지는 은주에 대해 아는 것도 많으시고 관심 있는 것을 질문하기도 하셨습니다. 그리고 동생이 태어난 후에도 항상 은주를 첫 번째로 생각하셨다고 합니다.

또한 동생 육아로 힘들어 하는 어머니를 위해서 동생이 태어나기 전보다 은주와 함께하는 시간을 더 많이 가지셨다고 합니다. 은주 아버지가 진정으로 멋지고 존경스러웠습니다.

아빠의 행복한 아이디어가 가족을 하나로 활기차게 이끌어 갑니다. 가족 구성원이 많아질수록 진정한 하나 됨을 완성하기 위해서 형과 언니의 마음을 공감해 주세요. 그리고 모든 가족 구성원들이 동생의 육아에 함께 참여하여 더 큰 행복을 누렸으면 좋겠습니다.

공감하되
'바람 앞의 갈대'는
금물!

공감을 아이의 감정과 행위를 무조건 수용하는 것으로 생각하는 사람들이 있습니다. 공감은 기본적으로 상대의 감정상태를 알아주는 것이지만, 아이의 잘못된 표현까지 다 받아 주어야 하는 건 아닙니다.

만 5세 영재 한 명만이 선생님과 함께 방과 후 과정반에 남아 있었습니다. 평상시에는 6시 정도면 오시는 영재 아버지가 그날은 좀 늦게 오셨습니다. 책을 읽고 있던 영재가 기다리던 아빠가 오니 아빠에게 미운 말을 했습니다. 얼마나 속상했는지 때리기까지 했습

아빠랑 소공원에서 놀았어요(김윤우, 만 5세).

니다. 평소에 유치원에서 친구들과 생활할 때는 온순하고 모범적인 아이인데, 이날은 늦게까지 혼자 남아 있어서 속상했나 봅니다.

영재 아버지는 늦게 와서 미안하다고 말하면서 아이의 올바르지 않은 행동을 다 받아 주셨습니다. 저는 영재가 아빠를 대하는 말과 행동에 대해 아이와 대화할 필요가 있다고 느꼈습니다. 아이에게 일관성 있는 태도를 유지해야 된다고 판단하고 영재 아버지에게 양해를 구했습니다.

"아버님, 지금 퇴근하시는 길이라 힘드시겠지만 제가 영재랑 이야기할 동안 기다려 주실 수 있으신가요?"

감사하게도 영재 아버지는 제 눈빛을 읽고 기다려 주셨습니다. 저는 아이와 함께 원장실로 이동하여 여전히 흥분해 있는 영재를 의자에 앉히고, 잠시 진정할 시간을 주었습니다. 저도 영재의 감정 상태를 관찰하면서 아이와 공감대화를 준비하고 있었습니다.

"우리 영재 많이 속상해 보이네. 선생님이 방금 전 상황에 대해 영재와 대화하고 싶은데 해도 될까?"

"네."

"선생님이 알기로는 영재가 아빠가 오기를 많이 기다린 것 같은데, 왜 아빠를 보자마자 울면서 아빠를 때렸는지 얘기해 줄 수 있겠니?"

"아빠가 오늘은 6시 전에 와서 소공원에서 공놀이를 함께하기로

했는데, 친구들이 다 집에 갔어요. 아빠, 미워요."

"그렇구나. 우리 영재가 아빠랑 친구들과 함께 소공원에서 공놀이 하고 싶었는데 오늘은 아빠가 늦게 오는 바람에 친구들이 모두 집에 갔구나. 그래서 공놀이를 할 수 없어 속상했구나."

"선생님도 영재와 비슷한 일을 겪어 봐서 영재가 얼마나 속상한지 알 수 있어."

"선생님도요?"

저희 유치원 앞에는 마음껏 뛰어놀 수 있는 아름다운 소공원이 있습니다. 방과 후 과정반 아이들은 늦은 시간까지 유치원에 있기 때문에 하원하면서 부모들이랑 공원에서 신나게 한바탕 놀고 난 다음 귀가하는 경우가 많습니다.

놀다 보면 자연스럽게 유치원생들이 모이게 됩니다. 영재도 축구에 관심이 많아 친구들과의 공놀이를 자주 즐겼습니다. 그런데 그날은 아빠의 늦은 귀가로 할 수 없게 되었던 겁니다. 영재 아버지도 영재와의 약속을 지키려고 서둘렀으나 교통체증으로 늦을 수밖에 없었다고 합니다.

저는 영재의 얼굴에서 눈물이 사라지고 표정이 부드러워지는 것을 볼 수 있었습니다.

"그런데 영재야, 화가 나거나 속상하다고 해서 아빠에게 미운 말을 하거나 때리는 행동은 바람직하지 않아. 그 대신 영재의 속상한 마음을 아빠에게 어떻게 전달하면 좋을까?"

"그럼 아빠에게 친구들과 공놀이 못해서 속상하다고 말로 할래요."

"그러면 되겠구나."

"그리고 또 하나, 아까 아빠를 손으로 때리던 행동에 대해서는 아빠에게 어떻게 말하면 좋을까?"

"아빠에게 죄송하다고 할래요."

"우리 영재, 생각이 많이 자랐구나. 선생님은 이런 바른 생각을 한 영재가 참 자랑스럽네. 우리 영재 지금 기분은 어떠니?"

"좋아요."

본인의 감정을 잘 표현하고 긍정적으로 조절한 영재가 정말로 기특해서 꼭 안아 주었습니다. 영재는 아빠에게 죄송하다고 했고, 영재 아버지는 약속을 지키지 못해서 미안하다고 답하셨습니다. 영재 아버지는 영재를 안고 소공원 쪽으로 걸음을 재촉하셨습니다.

저는 왠지 마음이 애틋했습니다. 퇴근 후 아이와의 약속을 지키려고 허둥지둥 왔을 영재 아버지의 마음과 유치원 친구들과 신나는 공놀이를 함께하고 싶었던 영재의 마음이 제 마음 속에 가득했기 때문입니다. 대수롭지 않게 귀가시킬 수도 있었습니다. 그러나 유아들과의 가장 효과적인 대화 방법은 그 일이 일어난 즉시 하는 것입니다. 아이와의 공감교육도 마찬가지입니다. 아이에게 공감이 필요할 때 바로 해 주는 거지요.

권위적 부모, 수용적 부모, 상호작용적 부모 등 여러 형태의 부모 유형이 있습니다. 어떠한 부모 형태든 일관성을 유지하는 일이 가장 중요하다고 생각합니다. 사람은 미래를 예측할 수 없을 때 가장 불안하고 스트레스를 받습니다.

세상 경험이 많지 않은 아이들의 경우는 더욱 그러하겠지요. 유아가 같은 행동을 했을 때 부모의 반응도 일관성을 유지해야 합니다. 집에서는 야단맞을 일이 다른 사람들이 있는 밖이라고 해서 그냥 넘어 간다면 교육의 효과는 기대하기 어렵습니다.

이렇게 아이에 대한 부모의 반응이 바람에 따라 이리저리 흔들리는 갈대처럼 일관성이 없다면 아이들은 부모를 신뢰하지 못합니다. 떼를 쓰거나 울면서 본인들의 감정을 올바르지 못한 행동으로 보여 주게 됩니다.

오늘도 성공 못했어요

주원이는 주 양육자가 외할머니입니다. 할머니는 등·하원할 때

교사들에게 주원이의 가정생활에 대해서 많은 이야기를 푸념하듯 하십니다. 할머니께서 느끼시는 육아의 어려움을 알기에 항상 말씀을 귀담아 듣습니다. 이야기 중 대부분은 주원이의 배변 활동에 대한 것입니다.

오늘도 주원이는 화장실에서 힘을 주면서 애를 쓰지만 성공하지 못했습니다. 그런 날은 유치원에서 화장실을 자주 왔다 갔다 하고는 결국 속옷에 묻히고 맙니다. 힘을 많이 주면 아프기 때문이지요. 심할 때는 일주일에 두세 번 선생님이 여벌옷으로 갈아입히기도 합니다.

주원이는 먹는 양이 다른 아이들에 비해 많이 적어서 키도 작고 변비도 심합니다. 군것질도 심하고 밥도 제대로 먹지 않습니다. 하루에 한 끼 유치원에서 먹는 급식이 전부입니다.

이런 주원이에 대한 처방은 간단합니다.

"군것질을 없애세요."

아이들이 유치원에서 급식을 잘 먹는 것은 이유가 있습니다. 9시에 등원해서 3시 하원할 때까지 아침간식으로 우유 한 잔과 유치원에서 제공하는 급식만 먹기 때문이지요. 그리고 유치원에서는 아이들의 활동량이 집에서보다 많습니다. 배가 고파야 밥과 반찬을 감사한 마음을 가지고 잘 먹습니다. 그래야 화장실도 규칙적으로 가게 됩니다. 이 간단한 원리가 가정에서는 먹을 것이 많으니 지켜

지지 않는 거지요.

감사하게도 할머니는 저와 상담 후에 노력해 보겠다고 약속하셨습니다. 그리고 며칠 뒤 주원이의 상태가 많이 좋아졌다고 기뻐하셨습니다. 집에 쌓아 두었던 군것질거리도 모두 없앴다고 합니다.

하지만 이 약속은 오래가지 못했습니다. 주원이는 교사들에게 유치원 하원 인사를 하고 나서 할머니를 조르기 시작합니다. '할머니, 슈퍼에 가서 아이스크림 사 줘.' 하며 이내 할머니의 손을 잡고 뛰어가려 합니다. 할머니는 오늘도 예쁜 손자의 달콤한 유혹을 뿌리치지 못할 것 같았습니다.

아이가 힘들어 할 때는 먼저 공감해 주어야 합니다. 이유가 어찌되었든지 아이가 힘든 게 사실이기 때문에 아이의 감정을 인정해 주는 것이 문제를 해결하는 방법입니다.

하지만 주원이의 경우는 다릅니다. 주원이는 밥을 먹지 않고 군것질만 합니다. 그렇기 때문에 적절한 보상과 훈육으로 올바른 생활 습관을 만들어 주는 것이 중요합니다.

예를 들어 밥을 잘 먹을 경우, '칭찬 스티커'를 만들어서 어느 정도 모이면 상을 주는 거지요. 긍정적인 보상이 유아기 아이들의 행동수정에 도움이 되므로 인내심을 가지고 꾸준하게 실천해 주기 바랍니다.

3부

놀이와 체험으로
신나게 공감력 키우기

오감을 자극하는 놀이는
다중 지능을 쭉쭉
성장시킨다

유아의 행복한 두뇌를 만들려면 구체적으로 무엇을 가지고 어떻게 놀아야 할까요?

일단 오감을 자극할 수 있는 환경을 준비해야 합니다. 시각, 청각, 후각, 미각, 촉각을 왕성하게 발달시킬 수 있도록 다양한 재료와 여러 가지 방법으로 충분하게 경험할 수 있는 기회를 자주 주어야 합니다. 유치원 교육 환경이 오감을 활용할 수 있는 교구와 활동으로 구성되어 있기 때문입니다.

오감으로 받아들인 정보는 유아의 좌우뇌발달을 촉진합니다. 지능뿐만 아니라 정서적인 부분까지도 유기적으로 조화를 이루게 하여 행복한 두뇌를 만들어 줍니다.

집은 '창의성의 창고'입니다

오감을 발달시키고 창의성을 키울 수 있는 가성비 높은 재료가 재활용품이라고 생각합니다. 집에는 화장품 케이스, 우유팩, 요구르트 병, 선물 포장지 등 버리기 아까운 것이 많습니다. 그러니 큰 바구니나 상자를 준비해서 재활용품을 깨끗하게 모아 두고 언제든지 아이들이 마음껏 만들기를 할 수 있는 환경을 만들어 주세요.

아이가 만든 작품들은 한동안 집안 곳곳에 전시를 해 주는 것이 좋습니다. 본인의 작품이 부모로부터 칭찬받는 경험이 존재감을 인정받는 감정으로 이어집니다. 물론 시간이 지난 작품들은 사진으로 남기거나 아이와 의논해서 정리하면 됩니다.

어린 아이들은 벽이나 문에 크레파스와 유성 매직 등을 이용해 그림을 그리길 좋아합니다. 그럴 때는 야단치기보다는 아이가 자유롭게 자신의 느낌을 표현할 수 있도록 도와주세요. 신문지나 큰 달력 뒷면, 전지 등을 수시로 벽면에 부착해 보세요. 아이들은 8절 도화지뿐만 아니라 다양한 사이즈의 종이를 통해 더 큰 세상을 꿈꿀 수 있습니다.

촉감발달을 위한 좋은 활동 중 하나는 핑거페인팅입니다. 아이

마블링 물감으로 다양한 모양 만들기.

가 어릴수록 자주 해 주면 정서적인 안정에 많은 도움이 됩니다. 일반적으로 핑거페인팅을 할 수 있는 밀가루 풀은 문구점이나 벽지 가게에서 구입할 수 있습니다. 그러나 집에서 밀가루와 물을 섞고 불에서 끓인 후 식혀서 만드는 게 질감이 더 좋습니다. 이렇게 만든 밀가루 풀과 수성물감만 있으면 재미있게 핑거페인팅 놀이를 할 수 있습니다.

저는 다음과 같이 응용을 해본 경험이 있습니다.

제가 속이 좋지 않아서 미음을 먹은 날이었습니다. 속이 괜찮아지자 더 이상 미음이 먹기 싫어져 남은 걸로 아이와 핑거페인팅 놀이를 했습니다. 방법은 간단합니다. 바닥에 비닐을 깔고 남은 미음을 조금씩 덜어서 손가락으로 촉감놀이를 합니다. 충분하게 갖고 논 다음 아이가 원하는 색의 물감을 떨어뜨리고 손가락을 이용해서 색깔을 섞어 봅니다.

마음에 드는 모양이 만들어지면 도화지를 덮어서 모양을 찍게 합니다. 도화지는 눕혀서 말리면 멋진 작품이 되지요. 다른 색 물감을 첨가하는 것을 반복하면서 여러 색을 섞어보기도 합니다. 색깔이 혼합되는 과정을 통해 시각을 발달시킬 수 있습니다. 충분하게 경험해 볼 수 있도록 과정을 중시해 주고, 아이들이 어떻게 느끼는지 다음과 같이 질문해 주세요.

"손가락으로 미음을 만질 때 느낌이 어떠니?"

"무슨 소리가 나는지 들어 보자."

"미음 위에 물감을 떨어뜨리면 어떻게 될까?"

"이 색 위에 파랑색을 섞으면 어떤 색이 될 것 같니?"

아이들이 활동하며 느꼈던 미끄럽고 부드러운 느낌이 부모와의 상호작용을 통해서 행복한 경험으로 두뇌에 저장될 겁니다. 이외에도 엄마의 스카프로 멋진 패턴을 만들어 볼 수도 있습니다. 큰 스카프 위에 여러 가지 크기와 색깔의 클립, 장난감, 머리핀 등 다양한 재료를 이용해서 디자인할 수 있습니다. 수제비를 만드는 날에는 알록달록 밀가루 점토놀이를 합니다.

이렇듯 집에서 볼 수 있는 다양한 생활용품과 재료들은 아이들에게는 재미있고 흥미로운 학습재료가 될 수 있습니다. 또 놀이를 통해 부모의 격려와 지지가 함께 어우러진 공감대화는 아이들의 두뇌를 반짝반짝 빛나게 해 주는 창의성을 향상 시켜 줍니다.

기억해 주세요. 구조화된 값비싼 장난감보다는 비구조화된 재활용품들과 부모의 공감대화가, 아이들의 지능과 정서를 균형 있고 조화롭게 발달하게 하여 행복한 아이로 성장하게끔 돕는다는 걸요.

집에서 할 수 있는 창의성 활동 사례

* 재활용품으로 다양한 작품 만들기.

* 신문지나 잡지를 이용해서 그리거나 꾸미기.

* 스카프나 천 위에 다양한 물건을 이용해서 디자인 해 보기.

* 여러 색깔의 밀가루 점토를 만들어서 조형 활동 해 보기(당근즙, 시금치즙, 비트즙 등).

* 사용한 일회용품 접시, 숟가락, 나무 젓가락과 실, 리본 등을 이용해서 꼴라 쥬 해 보기.

* 쌀과 다양한 곡물을 각각 요구르트 병에 넣어서 마라카스 만들어 노래하며 연주하기.

일상생활에서 과학을 배웁니다

목욕 시간은 오감으로 느끼는 과학탐구 시간이 됩니다. 시중에 파는 여러 물놀이 도구들을 이용할 수도 있지만, 집안의 다양한 물건들을 매번 다르게 활용하는 것이 창의성을 기르고 흥미도를 오래 유지할 수 있습니다.

제 딸은 어려서부터 물놀이하면서 목욕하는 것을 매우 좋아했습니다. 저는 이 시간을 즐거우면서도 유익한 과학놀이 시간으로 만들어 주고 싶었습니다. 그래서 시중에 판매하는 물놀이 용품보다 집에 있는 물품을 이용해 직접 물놀이 장난감을 만들었습니다.

페트병을 가로로 반을 자르고 못 쓰는 쇠 젓가락에 열을 가해서 페트병 바닥과 옆에 구멍을 뚫어 줍니다. 아이가 유성 매직과 칼라 시트지를 이용해서 꾸미고, 예쁜 모루를 이용해서 손잡이를 만들어 주면 세상에 단 하나 뿐인 물놀이 도구가 완성됩니다. 다양한 크기의 플라스틱 병을 이용해서 몇 개 더 만들면 신나는 물놀이 준비가 끝납니다. 제 딸은 직접 만든 물놀이 도구를 이용해 시원하게 물줄기가 뻗어 나오는 모양을 관찰하며 물의 성질에 대해서도 알게 되었습니다.

이 외에 많이 했던 활동으로는 물에 뜨는 물건과 가라앉는 물건 실험이 있습니다. 욕조에 들어가기 전에 실험을 해 보고 싶은 물건들을 함께 골라 봅니다. 이때 아이의 선택도 존중하면서 실험이 흥미로울 수 있도록 부모도 함께 제안해 보면 좋습니다.

예를 들면, 아이가 물에 가라앉는 물건만 고른다면 주방스펀지, 스티로폼 용기 등 뜰 수 있는 물건도 선택할 수 있도록 유도합니다. 그리고 오랫동안 신나게 가지고 놀 수 있게 해 줍니다. 물에 뜨는 물건과 가라앉는 물건을 분류하게 해 보면 더욱 좋습니다. 이때도 부모가 다음과 같이 공감대화로 놀이를 격려해 주면 좋겠지요.

물놀이 하는 시간은 즐거우면서도 유익한 과학놀이 시간입니다.

"따뜻한 욕조 안에 있으니 기분이 어떠니?"

"이 물건을 물에 넣으면 어떻게 될까?"

"이 스펀지를 물 속에서 손으로 꾹 누르고 있으면 어떻게 될까?"

아이가 생각하지 못한 방법을 부모가 질문하면서 다양한 체험을 할 수 있도록 해 주면 확산적 사고뿐만 아니라 문제해결력까지 키울 수 있습니다.

한참 놀았다면 욕조에 비누거품을 풀어 줍니다. 붓과 물감을 준비해서 색깔을 섞고 욕실 벽면에 그림을 그려 보게 할 수도 있습니다. 아이 장난감을 함께 세척해서 말릴 수도 있고 인형을 준비해 주면 역할놀이도 가능하며, 따뜻한 욕조 안에서 심신을 안정시킬 수도 있습니다.

이러한 일상생활은 아이의 과학 활동에도 도움이 되지만 미술 활동, 사회성 활동, 기본 생활 습관 발달에도 도움이 됩니다. 박물관, 전시회, 체험관에 찾아가는 것도 중요하지만 일상생활에서도 집에 있는 다양한 물건을 이용하여 아이의 오감을 자극하고 두뇌를 발달시킬 수 있습니다.

집은 아이들에게 심리적으로 편안하고 안정된 곳입니다. 스트레스 없이 충분한 시간을 할애해서 놀이에 집중할 수 있습니다. 부모도 아이에게 온전히 몰입해서 아이를 관찰할 수 있습니다. 아이의 활동을 긍정적으로 격려하며 공감대를 형성할 수 있습니다. 이런 경험을 자주 한 아이들은 인지능력과 정서적인 면이 조화롭게 발달되어 행복한 두뇌를 가진 멋진 아이로 성장하게 될 것입니다.

목욕 놀이 방법 사례

* 플라스틱 패트병 : 물놀이.

* 스펀지, 스치로폼 용기, 플라스틱 컵, 손수건 : 물에 뜨는 물건과 가라앉는 물건 실험.

* 바디샴푸, 샤워스펀지, 인형 : 거품놀이와 인형 목욕시키기.

* 수성물감, 다양한 크기의 붓 : 그림 그리기.

* 다양한 블럭류, 플라스틱 장난감, 소꿉놀이 도구 : 물 속에서 놀며 세척하기.

개방형 질문은
창의력을 쏙쏙
끌어올린다

유아교육 학자들은 질문이 필요할 때에 는 단답형 답이 나오는 질문보다는 개방형 질문으로 아이들의 생 각을 유도하라고 합니다. 아이들의 창의력을 키워줄 수 있기 때문 입니다. 심지어 정답과 상관없는 독특한 생각을 말해도 가능성을 인정해 주는 교사의 열린 마음이 중요하다고 합니다. 이는 제가 교사였을 때부터 아이들과 대화할 때 가장 신경 쓰는 부분이기도 했습니다.

"채은이는 도움이 필요할 때, 어떻게 할 거니?"

"친구가 아플 때, 어떻게 말할 수 있을까?"

"빨간색과 노란색을 섞었을 때는 어떤 변화가 일어날까?"

기대되는 정답이 있는 질문임에도, 아이들의 생각은 다양하게 표현됩니다. 독특하고 개성이 넘치는 반응을 한 아이는 모든 아이들 앞에서 칭찬을 해 주며 확산적 사고를 할 수 있도록 격려했습니다. 때로는 반대로 아이들이 교사에게 질문을 하기도 하지요. 이럴 때도 저는 아이들에게 생각해 볼 수 있는 기회를 더 줍니다. 아이들이 한 질문을 다시 물어보는 거지요.

"선생님, 가을이 되면 나뭇잎이 왜 초록색에서 노란색으로 변하나요?"

"채은이는 왜 나뭇잎 색깔이 변한다고 생각하니?"

"노란색으로 옷을 갈아입고 싶었나 봐요."

"그럴 수도 있겠구나. 가을이 되니 나무가 노란색 옷이 입고 싶었나 보네."

채은이의 말에 미소가 지어졌습니다. 그리고 아이들과 함께 과학 활동으로 나뭇잎의 색깔 변화에 대해 이야기를 나누는 시간을 가졌던 기억이 납니다. 아이들의 창의적인 표현은 말하기를 통해서 길러지기도 하지만, 언어표현을 배워 나가는 유아기에는 그림으로 더욱 잘 표현되기도 합니다.

가을이 한창 깊어갈 때면 아이들과 함께 유치원 주변에 있는 소공원으로 산책을 나갑니다. 높아 가는 가을 하늘도 바라보고 울긋

불긋 변해 가는 단풍들도 구경하며 가을 노래도 불러 봅니다. 미리 준비해 간 스케치북과 색연필을 이용해서 가을 풍경도 그려 보지요.

"단풍나무를 그려 보자."

많은 아이들이 정형화된 나무를 그립니다. 심지어 빨갛게 물든 나뭇잎을 초록색으로 색칠하는 친구도 있지요. 이러한 표현들은 상상력이 풍부한 그림이라기보다는, 생각하거나 관찰하지 않고 이미 머릿속에 굳어져 있는 나무를 그린 것이지요. 섬세한 관찰력이 필요한 경우입니다. 창의적이고 행복한 두뇌를 만들기 위해서는 아이들의 관찰력을 돕는 교사의 질문이 필요합니다.

"나뭇잎 색깔이 무슨 색인지 잘 보자."

"모양이 어떻게 생겼니?"

"나무에서 어떤 냄새가 나는지 맡아 볼까?"

교사의 관심어린 질문으로 아이들의 그림은 구체화되기 시작합니다. 둥근 나뭇잎이 뾰족뾰족하게 바뀌고, 줄기와 잎맥도 자세하게 표현됩니다.

아이들이 세상과 소통하고 자연과 공감할 수 있도록 부모님들이 충분한 시간을 가지고 개방형 질문으로 아이들의 뇌를 만져 주세요.

또? 또? 또?

아이들과 생활하면서 어떤 언어를 사용하고 어떻게 소통하고 계시나요?

나와 아이의 생활을 관찰카메라로 일정한 시간을 촬영한다면, 부모로서 나는 아이와 주로 무슨 대화를 하고 지낼까요?

영유아를 자녀로 두고 있는 부모들은 대부분 아이들이 어리다고 생각합니다. 그래서 도움을 주기 위해서 지시어를 많이 사용하고, 부모의 생각을 일방적으로 말하는 경우가 많습니다. 하지만 아이들은 계속 언어발달을 하면서 성장 중에 있습니다. 어느 순간이 되면 부모들은 아이들과 어떻게 해야 제대로 소통하고 대화하는지를 고민하게 됩니다.

1800년대 프랑스 아베롱 지방에서 11살 정도로 추정되는 늑대소년이 야생 상태에서 발견되었습니다. 늑대소년 빅토르는 몇 년에 걸친 적응 기간을 거쳐서 서서히 인간의 방식으로 생활을 할 수 있게 되었습니다. 하지만 아무리 시간이 지나도 완벽해지지 못하는 부분이 있었는데, 바로 언어였습니다.

빅토르를 체계적으로 훈련하고 관찰하면서 뇌 과학자들과 언어학자들은 중요한 사실을 알게 되었습니다. 언어를 습득하는 데는 '결정적 시기'가 있어서 이 시기를 놓치면 아무리 훈련을 해도 거의 말을 할 수 없다고 합니다. 결정적 시기는 10세 정도로 언어 습득을 위해 뇌가 준비하고 발달하는 적기입니다. 이 이야기는 아동기에 있는 우리 아이들의 언어발달을 위해, 부모와 교사들이 어떤 자극을 주면서 발달을 도와야 하는지를 생각해 보게 합니다.

아이들에게 어떻게 질문하고 답하도록 하시나요?

어른들은 단답형 답에 길들여져서인지, 질문해서 아이들이 정답을 말하지 않으면 그게 아니라 하면서 답을 바로 알려 주려고 합니다. 두뇌를 쪼물쪼물 만져 주기 위해서는 한 가지 질문에 세 번 정도 반복해서 똑같은 질문을 해 주는 것이 중요합니다.

"이쪽으로 가려면 너는 어떻게 할 거니?"

"저는 땅 속을 파서 갈 거예요."

"또?"

"음, 다른 방향으로 돌아서 갈 거예요."

"또?"

"음, 비행기를 만들어서 갈 거예요."

이렇게 가능성을 열고 똑같은 질문에 대답할 때, 아이는 시간이 많이 필요하더라도 생각을 하게 됩니다. 충분히 기다려 주시고, 정답이 아니더라도 다양한 생각을 할 수 있도록 지켜봐 주세요. 창의력과 문제해결력이 쑥쑥 자라고 있는 중이니까요.

아이들의 뇌는 하루 종일 성장합니다. 부모가 아이들의 생각을

창의적이고 행복한 두뇌를 만들기 위해서는
아이들의 관찰력을 돕는 놀이가 필요합니다.

창의력과 문제해결력을 키워 주기 위해서는
생각하는 힘을 길러 줘야 합니다.

이끌어 내는 질문을 하면서 그 생각과 감정을 공감해 준다면, 아이들이 꿈꾸는 세상은 우리가 상상하는 이상이 될 겁니다.

창의적이고 행복한 두뇌를 만들기 위한 질문하기

* 확산적 사고를 할 수 있도록 개방형 질문을 하기.

* 생각할 기회를 주기 위해 아이의 질문을 다시 되물어보기.

* 그림으로 유아들의 생각을 표현하도록 질문하기.

* 관찰력을 키워 주기 위해 오감을 사용하는 질문을 하기.

* 또? 또? 또? 반복해서 질문하기.

'노래의 최대 의의'는
집중력을
높이는 것

제가 교사였을 때, 유치원에서는 항상 노래와 함께 아이들이 생활할 수 있도록 노력했습니다. 때로는 아이들이 배운 노래를 개사해서 다른 활동을 할 때나 주의집중이 필요할 때 많이 불러 주곤 했습니다. 음률이 들어가면 아이들은 신기할 정도로 집중을 잘했습니다. 예를 들면, 놀이를 마칠 때쯤 정리 시간이 다가온다는 것을 알리는 악기소리를 들려준 후, 각 놀이 영역별로 다니면서 노래를 불러 줍니다.

"누가 누가 정리를 잘하나?"

"진영이, 수현이, 미소가 잘하지."

'정리정돈 시간에 청소하자'라고 말하지 않아도 아이들은 악기 소리와 함께 선생님의 노래를 들으면서 열심히 정리를 합니다. 말소리를 높여서 말하는 것보다는 리듬감 있는 노래로 제 의사를 표현했을 때, 많은 아이들이 저에게 빠르게 집중하는 것을 볼 수 있었습니다.

자칫 정리하고 청소하는 일이 재미없고 싫을 수도 있습니다. 그때 선생님의 격려가 들어간 노래 소리를 들으면 아이들은 정리 시간을 행복한 시간으로 느낍니다. 따라 부르면서 부지런히 움직입니다.

일본의 저명한 뇌 전문의 요네야마 기미히로는 그의 저서 《똑똑하고 감성적인 아이로 키우는 엄마표 좌, 우뇌 클래식 육아법》에서 음악과 노래가 주는 영향력의 중요성을 강조하고 있습니다. 클래식 음악을 통해서 아이들의 집중력을 높이고 좌뇌, 우뇌를 골고루 자극시킬 수 있다고 합니다. 더욱이 노랫말을 음미하며 따라 부르면 암기력이 발달하고 좌뇌 영역인 어휘력, 논리력, 수리계산력, 정보처리력 등이 발달한다고 소개했습니다.

가정에서도 아이들이 그 상황에 공감할 수 있는 노래를 부르면서 집중할 수 있도록 만들어 나가면 어떨까요? 부모의 잔소리 대신 아름다운 소통 방법이 될 겁니다.

음악과 노래는 아이들의 집중력을 높이고
좌뇌, 우뇌를 골고루 자극시켜
어휘력, 논리력, 수리계산력, 정보처리력 등이 발달됩니다.

공감노래로 소통해요

딸이 태어났을 때부터 저는 가사가 예쁜 동요를 불러 주거나 익숙한 노래를 개사해서 뮤지컬처럼 의사소통을 하곤 했습니다. 이 방법은 아이가 집중할 수 있는 엄마의 사랑스런 속삭임 같은 역할을 하곤 했습니다. 그래서인지 아이도 혼자 인형놀이를 할 때에는 노래를 부르곤 했습니다.

언젠가 친척끼리 여행을 갔는데 장마철이라 장대비가 내려서 실내에 머무르게 되었습니다. 아이들은 한참 신나게 놀다가 시큰둥해졌는지 창밖을 응시하기 시작했습니다. 날씨가 화창했다면 야외에서 뛰어놀고 있었을 겁니다. 아이들의 아쉬워하는 마음이 창밖을 보는 뒷모습에 드리워졌습니다. 그때, 비오는 풍경을 한참 바라보던 딸과 조카가 창가에 기대어 노래를 부르기 시작했습니다.

Rain Rain Go Away

Come Again Another Day

Little so young Wants to Play

Rain Rain Go Away

비야 비야 오지 마요

다른 날에 다시 와요
나는 놀고 싶어요
비야 비야 오지 마요

비가 그치고 빨리 나가서 놀고 싶은 마음을 노래로 표현한 것이지요. 이 영어 동요는 제 딸이 어렸을 때 즐겨 보던 'Wee Sing' 비디오에 나오는 노래입니다. 아이들이 공감할 수 있는 여러 상황이나 행동들을 노래로 표현한 아이용 영어 뮤지컬 비디오로 기억합니다. 비 오는 날 밖에서 놀지 못하는 안타까운 딸의 마음을 노래로 표현하면서 비디오 속 주인공의 마음을 완전히 공감했으리라 여겨집니다.

저는 살짝 아이들 옆으로 다가갔습니다. 그러고는 창 밖에 펼쳐진 아름다운 풍경을 아이들과 함께 바라보았습니다. 창가에는 예쁜 빗방울들이 춤추고 있었습니다. 눈앞에 펼쳐지고 있는 자연의 향연을 아이들과 함께 누리고 싶었습니다. '비는 미끄럼 타고'를 부르며 아이들의 마음을 공감해 주었습니다.

창가에 내리는 빗방울들은
하루종일 유리창을 툭툭 치면서
미끌미끌 주르르~ 미끄럼 타네

새 노래 배우기 시간에 노래를 즐겁게 불렀어요(권민하, 만5세).

아이들은 노래를 부르며 비오는 날을 예쁘게 기억하겠지요.

노래로 행복한 세상을 만들어요

가수 홍진영이 나오는 한 예능 프로그램이었습니다. 당초 네 곡만 부르는 것으로 알았던 지방 행사에서 매니저의 실수로 열 곡을 부르게 되었습니다. 이 사실을 알고 난처해하는 매니저에게 홍진영은 화를 내는 대신 '괜찮아요~ 괜찮아요~' 노래를 부르며 대수롭지 않게 넘어갔습니다. 그런 그녀의 아름다운 배려에 감탄했습니다.

많은 사람들이 자신들의 실수에는 관대하고 남의 실수에는 날카롭게 비판하는 요즘입니다. 그에 비해 홍진영의 태도는 정말 훌륭하게 느껴졌습니다. 누군가가 실수를 해서 죄송하다고 사과했을 때, 대부분의 사람들은 '괜찮아!' 하며 말로 반응을 합니다. 하지만 홍진영은 한 단계 더 나아가서 '괜찮아요!' 노래와 춤을 추면서 재치 있게 싸늘한 대기실 분위기를 밝게 변화시켰습니다. 이렇듯 노래는 아름다운 인간관계와 행복한 세상을 만들어 가는 데 힘이 있습니다.

유치원에서도 노래와 음악을 활용해서 아이들이 활동들을 재미있고 즐겁게 합니다. 예를 들면, 등원할 때는 밝고 희망찬 동요와 유치원 원가를 들려주면서 유아들을 환영해 줍니다. 유아들을 맞이해 주는 선생님들도 기분이 좋고, 아이들도 들려오는 노래를 중얼거리면서 미소 지으며 인사를 합니다.

점심시간에는 음식을 먹는데 집중하기 위해서 차분하고 아름다운 클래식 음악을 들려줍니다. 점심시간은 식사 준비로 어수선해지기 쉽습니다. 그때 클래식 음악과 함께하면 아이들도 본인들의 자리에서 바른 자세로 집중해서 먹습니다. 고운 선율을 느끼면서 아이들은 친구들과 함께 음식에 대한 긍정적인 생각을 가지고 맛있게 먹습니다. 아이들의 이런 모습들을 볼 때마다 감사와 행복이 밀려옵니다.

가정에서도 노래와 음악을 항상 함께했으면 좋겠습니다. 듣기 싫은 잔소리가 아닌 기분 좋은 부모의 목소리를 느끼는 데에는 음악과 노래가 큰 도움을 줄 것입니다. 즐기면서 부모와 소통하고 공감할 수 있는 아이로 자라게 해줄 겁니다.

독서력이 뛰어난
사람은
공감력도 뛰어나다

아이들 책은 집 안 어디에 두시나요?

요즘은 독서의 중요성을 인지해서인지 각 가정에 많은 책들을 소장하고 있는 것을 볼 수 있습니다. 심지어 거실에 텔레비전을 없애고 도서관처럼 책꽂이로 벽을 도배한 모습도 보게 됩니다. 제가 어릴 때 책이 귀했던 것을 생각하면 요즘 아이들에게는 책과 호흡할 수 있는 보물창고에서 생활하는 것이겠지요. 참 좋은 변화입니다.

그러나 자세히 보면 튼튼한 책꽂이 위에 읽지 않은 전집들이 깨끗하게 순서대로 꽂혀 있습니다. 게다가 아이들이 스스로 꺼내 보기에는 힘들 정도로 책의 위치가 너무 높은 곳에 진열되어 있는 경우도 많습니다.

　조카 희정이가 어릴 때, 조카네 집에 가면 항상 언니, 형부, 희정이가 책을 가까이 하고 있는 모습을 볼 수 있었습니다. 희정이가 읽고 싶을 때 언제나 스스로 꺼내서 읽어 볼 수 있도록 낮은 높이의 책장이 준비되어 있었습니다. 책장에는 전집보다는 아이와 서점에 가서 직접 골라온 다양한 모양과 크기의 책들이 꽂혀 있었습니다.
　책장은 책을 쉽게 꺼낼 수 있도록 공간을 어느 정도 여유 있게 두면서 사용했습니다. 아이가 머무르는 곳에는 몇 권의 책이 보관되도록 책 바구니도 놓아두었습니다. 아이가 기어 다닐 때는 두꺼운 재질로 된 토이북 스타일을 집 안 여기저기에 배치해 두어 스스로 기어가서 바닥에 앉아 볼 수 있게 했습니다. 아이들의 눈높이에 맞추어서 책을 보관했던 것이지요.
　영유아기에는 한 권의 책을 수십 번, 수백 번 보기도 하기에 서점에서 직접 구입했으며, 초등학생이 된 후로는 반복해서 읽기보다는 다양한 책을 보길 원했기에 지역 도서관을 자주 이용했다고 합니다. 조카의 책읽기는 중학교 때는 물론이고 수능을 준비하는 고등학생 때도 제법 두꺼운 책을 읽는 거로 이어졌다고 합니다.
　책과 함께 성장해서인지 희정이는 고등학생 때 영어, 수학보다는 국어 과목에서 항상 만점을 받았습니다. 전국에서 실시하는 모의고사와 수능에서도 국어 1등을 했습니다. 현재는 책읽기로 아이들의 행복한 두뇌를 만들어 주는 초등학교 교사로 재직하고 있습니다. 이렇게 희정이가 바른 인성을 가지고 학업에서 훌륭한 성과를 거둘 수 있었던 것은 언니의 일관성 있는 책사랑에 있었습니다.

언니네 집 근처에는 시인이 운영하는 어린이 서점이 있었는데, 언니는 희정이가 기저귀를 찰 때부터 서점을 매일 놀이터 가듯 방문하여 유명한 외국 저자들의 작품들을 희정이와 함께 읽었습니다. 주인장인 시인과도 아이가 자주 만나 책의 내용에 대해 서로 대화하고 공감할 수 있도록 기회를 많이 제공했습니다.

더구나 희정이가 책을 읽고 쓴 글이나 그림들은 집 안 가득 예쁘게 전시해 주었습니다. 글들을 파일에 차곡차곡 보관해서 초등학교 6학년 때는 개인 시집을 출판하기도 했습니다. 언젠가 언니에게 질문한 적이 있습니다. 희정이가 책을 통해 세상을 배우고 공감한 것을 생활 속에서 실천할 수 있도록 한 방법이 무엇이냐고요.

언니네 가족은 아이와 함께 항상 책을 읽은 후나 혹은 서점을 다녀오면서 산책을 즐겼다고 합니다. 주변 환경을 보며 사색하는 것이지요. 아이의 생각과 감정에 공감해 주면서 아이 스스로가 자신이 책으로부터 받은 영감을 정리할 수 있는 시간을 갖게 하는 것입니다.

아이들이 재미있어 하고 공감력을 키워 주는
좋은 동화책은 어떤 것일까요?

* 그림과 글의 내용이 일치해야 합니다.
* 아이들의 연령과 언어발달 단계에 맞아야 합니다.
* 아이들의 상상력을 자극하기 위해서 그림 속에 여러 가지 이야깃거리가 숨어
  있어야 합니다.
* 운율과 리듬이 있고 문장이 반복되면 좋아요.
* 줄거리가 '언제, 어디서, 누가, 무엇을, 어떻게, 왜'가 명확하고 이해하기 쉽게
  쓰여진 책이어야 합니다.
* 아이들의 생각과 느낌을 담은 책이 좋아요.
* 꿈, 사랑, 행복, 공감, 진실, 희망 등 올바른 가치관과 이상을 세우는데 도움을
  주는 책이 좋아요.
* 작가의 개성이 느껴지는 책이 좋아요. 작가의 예술 기법에 따라 그림책의 맛
  과 감동이 완전히 달라집니다.
* 재질이 좋고 제본이 잘 되어 있어야 합니다.
* 아이가 공감하는 언어가 담긴 책, 즉 아이가 아주 편안해 하는 언어로 쓰인
  그림책이 아이의 마음을 움직입니다.

저도 발레리나가 될래요

이명신은 《영어 그림책 골라주세요!》에서 아이들의 생각이 담겨

있는 그림책은 아이들의 마음을 움직인다고 소개하면서, 그림책 속에는 아이들의 세계가 있어야 한다고 했습니다.

책 속에는 아이들의 생활과 놀이, 그리고 비슷한 행동을 하고 있고 비슷한 감정을 느끼는 친구가 있다고 합니다. 그렇기에 그림책을 통해서 새로운 지식뿐만 아니라 사물, 자연, 환경, 자신의 감정, 타인을 이해하고 공감하는 방법까지도 배우게 되는 거지요.

제 딸이 어렸을 때 저와 남편은 아이를 데리고 서점과 어린이 도서관을 자주 놀러 갔습니다. 그곳에서는 다양한 책을 볼 수 있을 뿐만 아니라 따끈따끈한 신간도 보물을 발견한 듯 쉽게 접할 수 있었습니다.

그날도 우리 가족은 신간 코너에서 너무나도 귀여운 타냐를 만날 수 있었습니다. 페트리샤 리 고흐의 《꼬마 발레리나 타냐》를 본 순간 딸은 함께 읽기를 원했습니다. 겉표지에서 춤추고 있는 타냐의 모습처럼, 그림책은 발레리나가 되고 싶은 아이의 순수한 마음을 예쁘고 아름답게 담고 있었습니다.

주인공 타냐처럼 그 당시 만 3세였던 딸은 타냐의 움직임 하나하나에 집중하기 시작했습니다. 유치원에서 배운 발레 모습을 타냐가 했을 때는 책을 보다가 일어나서 똑같이 따라했습니다. 집에 돌아 와서도 딸은 반복해서 타냐를 만났고 우리 집 거실은 수시로 발레 공연장이 되었습니다. 가끔은 저와 남편을 관객으로 데려가기도 하고 타냐 언니로 만들기도 했습니다. 딸은 주인공 타냐와 함께 호흡하는 공감독서를 하며 즐기고 있었던 것이지요.

딸아이가 조금 더 컸을 때는 온 가족이 《리디아의 정원》을 읽고 감동을 받았습니다. 사라 스튜어트의 《리디아의 정원》은 어려운 가정형편으로 부모와 떨어져 낯선 도시에서 외삼촌과 함께 지내는 주인공이 주위 사람들에게 사랑을 전하는 따뜻한 마음이 그려져 있는 동화책입니다. 리디아는 할머니가 정성스럽게 보내 준 꽃씨를 회색빛 건물 옥상에 심어 아름다운 정원으로 바꿈으로써 무뚝뚝한 외삼촌에게 감동을 주고 삭막한 세상에 사랑과 희망을 전달하지요.

딸은 이 책을 여러 번 반복해서 읽더니 한동안 식물과 꽃을 가꾸는 원예사를 꿈꾸었습니다. 자기가 가꾼 아름다운 꽃을 보면서 사람들이 행복을 느꼈으면 좋겠다고 했습니다. 그때는 꽃집에 가서 예쁜 꽃과 화분을 구입해 식물 가꾸기를 즐겼고, 공원과 식물원을 방문하여 꽃 이름과 꽃말에도 관심을 가졌으며, 식물도감을 구입해서 탐독하기도 했지요.

저도 아이 덕분에 식물에 관심을 갖게 되었습니다. 이처럼 아이와 함께하는 공감독서는 세상을 올바르게 살아가는 방법과 즐기는 방법을 알려 줍니다. 뿐만 아니라 무한한 가능성을 열어 주는 꿈과 희망을 아이들의 마음속에 가득 채워 줍니다.

**아이들이 동화책 속에 흠뻑 빠져 공감독서를
즐기게 하는 방법은 무엇일까요?**

* 책과 함께 놀 수 있도록 해 주세요(책으로 집 짓기, 책과 같이 목욕하기, 헝 겊 책으로 역할놀이 하기).
* 늘 아이 손이 닿는 곳에 책을 놓아두세요(아이의 장난감 방, 목욕탕, 침대 위, 식탁 위, 책상 밑, 차 안).
* 아이에게 그림책을 볼 시간을 충분하게 주어 아이가 마음껏 상상력을 펼칠 수 있도록 합니다.
* 아이가 좋아하는 주제를 다룬 책으로 시작합니다(자동차, 공룡, 친구).
* 부모가 먼저 동심의 세계에 발을 담그고 즐기는 모습을 보여 주세요.
* 책을 함께 읽고 아이와 공감대화를 자주 해 보세요.
* 전집류의 책을 구입하는 것보다는 아이의 손을 잡고 서점에 가서 아이가 좋 아하는 책을 낱권으로 구입해 주세요.
* 그림책 원화전이나 그림책 관련해서 하는 체험 활동에 참여해 보세요.
* 작가를 만나 사인을 받거나 작가와의 대화를 통해 공감하는 시간을 가져 보 세요.
* 책 도장을 만들어 줘서 아이의 소중한 추억이 담긴 책을 도서관처럼 모아 보 세요.
* 아이가 읽는 책 속지에 엄마의 공감편지를 써 보세요.

좋아하는 동화책이 많이 있지만 그중에서 읽을 때마다 가슴이 먹먹해지는 책이 있습니다. 딸에게 어렸을 때 많이 읽어 주기도 했지만 감동은 제가 더 받았던 것 같습니다.

미국 도서관 협회에서 주는 칼데콧 메달을 수상한 크리스 반 알스버그Chris Van Allsburg의 《폴라 익스프레스The Polar express》입니다. 한동안 크리스마스가 되면 꼭 다시 챙겨 보았던 이 책은 산타의 존재를 믿는 동심의 세계를 그리고 있습니다. 어른이 되어 동심이 사라지자 더 이상 실버벨 소리가 들리지 않는 것을 저자는 안타깝게 생각합니다.

이 책을 딸과 함께 읽으면서 아이의 동심을 최대한 지켜 주고 싶었습니다. 그러나 초등학교 2학년 크리스마스가 다가올 때쯤 딸아이는 풀이 죽은 목소리로 저에게 물었지요.

"엄마, 친구들이 산타클로스는 없대. 엄마, 아빠가 산타 대신 선물을 주는 거래요. 정말 그래요?"

갑작스러운 질문에 어떻게 대답해야 할지 몰라 당황했습니다. 하지만 그때 한동안 읽지 않았던 《폴라 익스프레스》 그림책이 떠올랐습니다. 그리고 아이와 함께 그림책을 보며 대화를 이어갔습니다. 아직도 엄마 귀에는 실버벨 소리가 가끔 들린다고요. 자신이 동심을 유지하려고 애쓴다면 우리들 마음에는 항상 산타가 찾아올 거라고요.

아이와 함께 그림책을 공감하면서 읽는다면 어른이 되어서도 순수한 동심을 유지할 수 있습니다. 그림책의 주인공이 되어서 한때는 꿈꾸었던 나의 미래를 다시 그려 보기도 하고, 현실 세계에서의 고단하고 힘든 시간들로 인해서 잊고 있었던 진정한 행복을 다시 새겨볼 수도 있습니다.

아이와 함께 그림책을 보면서 부모도 동심의 세계로 빠져 보세요. 그리고 아이와 공감하세요. 부모가 오랫동안 지켜 주고 싶은 동심의 세계가 아이의 행복한 미래와 함께할 겁니다.

그림책에는 아이들의 상상력을 자극하는
여러가지 이야깃거리가 숨어 있어요.

아이가 아주 편안해 하는 언어로 쓰인 그림책이
아이의 마음을 움직입니다.

부모와 아이가
함께 요리하면 머리와 센스가
좋은 아이로 자란다

유치원에서 요리 활동은 어떤 활동으로 분류될까요? 여러 활동과 통합적으로 접근할 수 있지만 과학 활동으로 계획합니다. 과학적 사고와 문제해결력을 키워 주기 때문이죠. 게다가 요리 활동은 여러 가지 기대 효과를 가지고 있습니다. 아이들의 흥미도가 높고 아이들이 성장하는데 가장 중요한 먹거리에 관한 활동이기 때문입니다.

유치원에서 11월 달에 월동 준비로 김장하기 활동이 있습니다. 만 3세 친구들은 깍두기를, 만 4세 이상은 배추김치를 담급니다. 평소에 맵다고 김치를 잘 먹지 않는 유아들도 직접 만들고 나면 밥도 없이 손으로 집어서 잘 먹습니다.

아이들에게 우리나라 대표 음식 중 하나인 김치를 잘 먹게 하려면 3월부터 김치 만들기 요리 활동을 해야 한다는 의견이 있기도 합니다. 유치원 현장에 있다 보면 식습관은 음식의 맛보다는 즐거움으로 형성되는 것 같습니다.

아이들은 친구들과 함께하는 요리 활동을 통해서 평소에 잘 먹지 않던 음식도 맛있게 먹습니다. 더구나 친구들과 함께 먹으면 더 잘 먹는 것을 볼 수 있습니다. 평생의 건강을 책임지는 올바른 식생활 습관을 아이와 부모가 함께 즐겁게 요리 체험을 하면서 만들어 가면 어떨까요?

주방은 아이들의 아지트

딸이 어렸을 때, 2년 정도 친정에서 함께 거주했습니다. 딸은 할아버지, 할머니, 이모들 속에서 많은 사랑과 예쁨을 받고 자랐습니다. 아이가 어렸을 때는 대가족 속에서 양육하는 것이 좋다는 사실을 저는 이때 느꼈습니다. 아이들은 할아버지, 할머니를 비롯해 가족들과 정도 쌓고, 소통하면서 공감할 수 있는 다양한 경험을 쌓을 수 있습니다. 품앗이 양육의 장점을 마음껏 누릴 수 있지 않을까요? 주방이라는 공간은 양육하는 사람에 따라 전혀 다른 경

엄마와 소영이가 체리가 든 바구니를 들고
요리를 하려고 해요(최소영, 만 3세).

험을 할 수 있습니다. 일과 육아를 병행하면서 바쁜 일상을 보냈던 저에게는 주방이 하루 중 잠깐 동안만 딸아이의 이유식을 만들고 먹이는 장소였습니다. 그런데 친정어머니는 음식을 만드시는 일뿐만 아니라 많은 시간을 거기서 보내십니다. 그곳에서 손녀딸과도 잘 놀아 주셨습니다.

특히 살림과 손녀 보기를 함께하기 위해서 친정어머니는 주방 싱크대 한 칸을 통째로 비워 두셨습니다. 어린 손녀딸은 수시로 그 안을 들락날락하면서 까꿍놀이도 하고 안락함도 느꼈던 것 같습니다. 딸에게는 소꿉놀이를 할 수 있는 최적의 아지트였던 거죠.

주방은 아이들이 좋아할 만한 것이 가득한 장소입니다. 아이들의 오감을 발달시킬 수 있는 재료들이 참 많지요. 여러 가지 냄새를 맡고 맛 볼 수 있는 양념들, 부드럽고 딱딱한지 만져 볼 수 있는 식재료, 알록달록한 과일과 채소들, 요리할 때마다 들리는 리드미컬한 소리들.

할머니가 시금치를 다듬을 때면 제 딸은 시금치로 쪼물쪼물 소꿉놀이도 하고, 할머니가 설거지를 하실 때면 옆에서 노래를 불러 주는 예쁜 짓도 했지요. 자연히 딸은 식재료에 익숙했고 요리활동도 즐거워했습니다.

할머니는 과일과 채소를 손질한 후 통째로 손녀에게 주었습니다. 큰 토마토도 아이는 두 손을 이용해서 껍질째 오물오물 먹게 했지요. 요즘 부모들은 아이들이 먹기 편하게 하기 위해서 잘게 썰어 주는 경우가 많습니다.

치아가 나면 너무 딱딱하지 않은 과일과 채소는 통째로 먹어서 식감을 느끼고 턱 근육을 발달할 수 있도록 해 주세요. 비록 옷이 더러워지고 얼굴과 손에도 과일즙이 묻더라도 아이 스스로가 어른들이 먹는 것처럼 맛있게 먹을 수 있는 기회를 주기 바랍니다. 감사하게도 온갖 음식을 할머니와 함께 놀이를 하면서 맛을 보았기에, 딸은 편식 없이 잘 자랐습니다.

요리로 감동을 전해요

저는 결혼하고 본격적으로 요리에 관심을 갖기 시작했습니다. 가정식 요리를 만드는 것 뿐만 아니라 제과제빵 만들기에도 도전을 했지요. 신혼 때 배웠던 요리들이 딸아이가 어느 정도 자라고 나니 여러모로 활용도가 많았습니다. 직접 요리를 해 주기도 하지만 아이와 함께 간식을 만들어 먹거나 빵이나 케이크를 만들어서 선물하기도 했지요. 직접 만든 쿠키나 케이크를 특별한 날 선물하면 받는 이가 무척 감동을 했답니다.

딸이 유아일 때 할아버지 환갑잔치가 있었습니다. 환갑이라고 하기에는 할아버지가 너무 젊게 보여서 환갑잔치 대신 가족여행을 다녀오기로 했습니다. 딸과 저는 할아버지를 위해서 특별하고 정성이 담긴 선물을 해 드리고 싶었습니다.

"엄마, 할아버지 생일 케이크 만들고 싶어요."

"좋은 생각이네. 그럼 어떤 모양으로 만들면 좋을까?"

딸은 도화지와 색연필을 가지고 와서 예쁘고 사랑스런 케이크를 그리기 시작했습니다. 할아버지가 좋아할 거라며 알록달록 색칠도 정성스럽게 했습니다.

"와, 정말 근사하구나! 그럼, 이렇게 생신 케이크를 만들려면 무엇이 필요할까?"

"음, 밀가루, 계란, 설탕.

참, 할아버지가 초콜릿 좋아하시니까 무지개색 초콜릿이 필요해요."

"참 멋진 생각이다. 엄마도 기대가 되네. 분명히 할아버지가 받으시면 좋아하실 거야."

메모지에 케이크를 만들기 위해 필요한 재료들을 적고 동네 마트에 갔습니다. 아이는 신이 나서 열심히 재료들을 골랐고 집에 돌아와서 부지런히 만들었습니다.

아이의 정성으로 세상에 하나 뿐인 할아버지 생신 케이크가 완성되었습니다. 손녀딸이 만든 케이크를 받으신 할아버지는 무척 기뻐하셨습니다.

정성스러운 요리가 사랑하는 사람에게 행복을 주네요.

요리로 감동을 전해요.

아이는 이번 일을 계기로 느꼈을 겁니다. 정성스런 요리가 사랑하는 사람에게 행복을 줄 수 있다는 걸요. 그리고 감동을 주기 위해서는 할아버지의 생신을 진심으로 축하하는 진정 어린 공감이 필요하다는 걸요.

승복할 줄 모르는
아이는
인간관계를 악화시킨다

아이들이 제일 좋아하는 수업 중의 하나
인 축구를 마쳤습니다. 대부분의 아이들은 양 볼이 붉게 상기되고
건강한 땀을 흘리며 신나보였습니다. 그러나 준혁이는 오늘도 씩
씩거리며 눈물을 흘립니다. 예견되는 상황이었지만 저는 준혁이에
게 우는 이유에 대해 물어봅니다. 친구들이 익숙한 듯 준혁이 대신
대답을 해 줍니다.

"오늘 준혁이 팀이 졌어요."

"준혁아, 담에 더 잘하면 되지."

준혁이는 축구뿐만이 아니라 다른 활동을 할 때에도 승부욕이

시합이나 게임을 할 때는 최선을 다해서 참여하고,
과정에서 즐거움을 느낄 수 있도록
승자와 패자의 마음을 공감해 주세요.

지나칠 정도로 강했습니다. 본인이 참여하는 모든 경기나 게임에 열정적이나 결과가 좋지 않을 때는 항상 분함을 울음으로 표현합니다. 교사와 친구들의 괜찮다는 위로는 별로 도움이 되지 않습니다.

홍양표 박사는 좌뇌 선호도가 높은 아이들은 학습하는 능력은 우수하나 눈치가 없는 경향이 있다고 말합니다. 집에서 부모와 함께 게임을 할 때, 부모가 아이들의 기를 살려 주려고 적당히 져 주면 본인들이 잘해서 이긴 거라 생각한다고 합니다. 하지만 이런 좌뇌형 아이들은 유치원이나 학교에 가면 준혁이처럼 어려움을 겪을 수 있습니다. 친구들은 부모처럼 일부러 져 주지 않기 때문이지요. 이런 일이 반복되다 보면 교우 관계에서도 문제가 생길 수 있습니다.

시합이나 게임을 할 때는 최선을 다해서 참여하고, 과정에서 즐거움을 느껴야 합니다. 결과가 좋지 않을 때에도 깔끔하게 승복하는 태도를 가져야 합니다. 승자에게는 진정으로 축하해 주는 공감하는 마음이 필요합니다.

승자와 패자의 마음을 공감해요

가정에서 아이들에게 규칙을 지키거나 기꺼이 승복하는 마음을 키워 주기 위해서는 보드게임을 같이 하는 것이 도움이 됩니다. 남편은 딸아이가 어렸을 때, 다양한 보드게임을 구입해서 아이랑 함께 주말 아침 시간을 재미있게 보내곤 했습니다.

아이가 초등학교에 들어갈 무렵에는 체스에 푹 빠졌지요. 아이가 유아기일 때만 해도 남편은 게임 수준을 아이에게 맞추어 주려고 노력했던 것 같습니다. 그러나 아이가 초등학생이 되니 남편도 아이랑 정정당당하게 게임하기 시작했습니다. 당연히 아이는 게임에서 지는 횟수가 많아졌지요.

아이는 아빠가 매번 이기는 결과에 납득하기 어려워했습니다. 그래서 때로는 억울함을 토로했습니다. 아이는 아빠의 승리에 대해 공감하지 못했습니다. 옆에서 지켜보던 저는 게임의 승패로 인해 두 사람의 관계가 위태로워 보여 게임 규칙에 대해 다시 정하기를 제안했습니다. 게임을 하고 난 후에는 승자와 패자의 입장과 마음가짐에 대해 딸과 이야기도 나누었습니다.

남편은 딸이 수긍할 수 있는 범위에서 체스 규칙을 융통성 있게 만들었습니다. 과정의 즐거움과 게임 결과에 대해 서로 축하와 응원을 해 주는 훈훈한 결과를 만들어 내려고 노력했습니다.

아이는 승패를 부모와의 행복한 체스 게임과 연결해서 생각할 겁니다. 이런 행복한 경험을 많이 한 아이는 게임 후에 승자가 누리는 기분 좋은 감정을 기억하고, 패자가 되었을 때에는 승자를 기쁜 마음으로 축하해 줄 수 있을 것입니다.

앞으로 우리 아이들에게는 한 명의 승자만이 존재하는 극단의 경쟁 시대가 펼쳐지겠죠. 그때마다 좌절하고 괴로워하지 않도록 아이와 함께 재미있는 게임을 하면서 게임 결과에 승복하는 예방접종을 놔 주시길 바랍니다. 비록 결과가 좋지 않더라도 다음 기회가 있고 더 열심히 해서 성장의 기회를 만들어 갈 수 있도록 도와주세요.

응원 포도, 자세 포도

유치원에서는 다양한 활동을 통해서 교육 목표를 달성하려고 수업을 진행합니다. 그중에서 몸을 움직이면서 하는 게임은 아이들의 흥미도가 아주 높은 활동 중의 하나입니다. 아이들의 참여율이 높으니 교육 효과도 높습니다.

기대되는 교육 효과로는 규칙 지키기와 협동해서 팀을 승리로 이끌기가 있습니다. 반대로 팀이 패했을 때는 결과에 깔끔하게 승복하기 등이 있겠지요. 아이들이 아직 어리기 때문에 이기고 지는 경험에 적절하게 반응하는 방법을 잘 모릅니다. 특히 게임에 졌을 때 아이들이 많이 속상해 합니다. 그래서 교사들은 게임 수업에 이 점을 많이 신경 쓰는 편입니다.

따뜻한 봄날이 되면 교사들은 올챙이가 개구리가 되는 과정을 아이들과 함께 관찰해 보면서 개구리의 움직임을 신체로 표현해 보게 합니다.

"오늘은 개구리처럼 뛰어서 연못을 돌아오는 팀 게임을 할 거예요."

"개구리 게임을 할 때 우리가 지켜야 할 규칙에는 어떤 것들이 있을까요?"

탬버린 소리가 나면 출발해야 해요, 연못까지 가야 해요, 중간에 포기하지 말고 끝까지 가야 해요 등등. 아이들의 생각이 게임 규칙으로 만들어집니다.

"응원할 때 팀 구호는 어떤 것으로 할까요?"

"앉아서 응원하는 친구들은 어떤 자세로 있어야 할까요?"

교사는 아이들에게 게임에 이기고 지는 결과보다는 과정의 즐거움을 알려 주기 위해서, 게임 구호도 '이겨라'보다는 '열심히 잘해라'로 알려 줍니다. 또한 친구들이 적극적으로 게임에 참여할 수 있게 큰 소리로 응원하고 바른 자세로 지켜보도록 지도합니다.

교사는 포도 그림을 승점으로 융판에 붙여 주면서 격려를 합니다. 게임에서 이긴 친구들이 포도 그림을 받지만 응원을 열심히 한다거나 바른 자세로 규칙을 지키는 경우에도 포도 그림을 받습니다. 지고 있는 팀은 '응원 포도'와 '자세 포도'를 받기 위해 포기하지 않고 더 열심히 참여해서 만회하기도 합니다.

아이들은 게임 규칙을 지키면서 자연스럽게 과정이 중요하다는 것을 알게 됩니다. '응원 포도'와 '자세 포도'로 교사들은 재량권을 갖게 됩니다. 팀별 점수 차이가 많이 나지 않도록 조절할 수도 있고 동점을 만들어서 결과뿐만이 아니라 게임 과정의 즐거움을 강조할 수도 있습니다.

"게임이 끝났으니 포도를 함께 세어 보기로 해요."

"토끼 팀이 포도가 하나 더 많으니 이번 게임은 토끼 팀이 잘했네요. 우리 함께 '축하 박수'를 쳐 줍시다."

"토끼 팀은 거북이 팀이 있어서 재미있게 게임을 함께 할 수 있었으니 '고마워 박수'를 쳐 줍시다."

"모두 규칙을 잘 지키며 열심히 게임에 임해 줘서 선생님은 참 행복했어요."

게임의 마지막은 항상 공감언어로 마무리를 합니다. 이긴 친구들과 진 친구들의 마음을 서로 이해하고 자연스럽게 공감하게 되지요. 게임이 끝나고 아이들은 서로의 감정을 나누고 다독거려 줍니다.

"우리 게임 하면서 참 재밌었어요. 다음에 더 열심히 하면 되지요?"

아이들은 이러한 다양한 경험을 반복하면서 상대방의 마음을 공감하고 축하해 줄 수 있으며, 자신의 감정도 스스로 조절할 수 있게 됩니다. 서로가 있어서 신나고 행복하다는 것을 느끼게 됩니다.

먼저
자연학습부터
시작해 보자

저는 교사일 때, 아이들이 계절과 날씨의 변화를 많이 느낄 수 있도록 했습니다. 자연이 주는 선물을 아이들이 행복하게 누리게 해 주고 싶었기 때문입니다.

겨울이 되어 함박눈이 내린 날은 계획되어 있던 하루 일과를 바꾸어 무조건 밖으로 나가게 합니다. 아이들에게 외투를 입히고 장갑과 모자까지 준비하면 하얀 눈꽃 축제를 즐길 준비가 됩니다. 마당이나 소공원에 나가서 친구들과 함께 눈사람을 어떻게 꾸밀지 의견도 나누면서 재미있고 독특한 눈 친구를 만들어서 함께 놉니다.

하얀 눈과 나뭇잎을 모아 나뭇잎빙수를 만들어서 친구들과 사이 좋게 나눠 먹는 놀이도 합니다. 눈밭에 누워서 천사를 만들고, 앙상 했던 나뭇가지에 소복하게 핀 눈꽃의 아름다운 자태에 탄성을 보내며 자연의 변화에 감사함을 느끼도록 합니다.

그동안 깨끗하게 씻어 모아 두었던 물약 병에 알록달록 색깔 물을 만들어 가지고 나갑니다. 세상에서 제일 큰 하얀색 눈 도화지에 아이들은 물약 병을 이용해서 신나게 그림을 그립니다.

부모가 아이들에게 자연의 순리에 대해 체험할 수 있는 추억을 만들어 준다면 아이들은 자연과 함께 숨 쉬는 것이 얼마나 소중한지 공감하게 됩니다. 자연이 우리들에게 주는 이로움에 대해 항상 고마움을 느끼고 환경을 깨끗하게 잘 보전하려고 노력할 것입니다.

씨앗에도 생명이 있어요

해마다 4월이 되면 유치원에서 아이들과 함께 모종심기를 합니다. 모종심기 행사가 있기 전 아이들은 식물의 성장에 대해 알아보고 우유팩을 깨끗하게 씻어서 말려 둡니다. 그러고 나서 우유팩의 겉면에 예쁘게 그림도 그리고 이름도 써 둡니다.

선생님은 모종들이 흠뻑 물을 빨아들일 수 있도록 송곳으로 우유팩 바닥에 구멍도 뚫어 놓습니다. 자, 이제 모종심기 준비를 마치고 초록식물에게 새 집을 만들어 줄 시간입니다.

상상해 보세요.

아이들은 영양가 있는 흙을 포동포동하고 귀여운 손으로 만지고 냄새도 맡아보면서 새로운 생명을 조심스럽게 다룹니다. 유치원에서 하는 모종심기는 대부분 열매를 쉽게 볼 수 있는 식물로 합니다. 피망, 가지, 방울토마토, 딸기 등이지요. 참, 씨앗 중에서는 키우기 쉬운 강낭콩이 식물의 성장 과정을 배울 수 있는 참 기특한 친구랍니다.

따뜻한 봄 햇살 아래 알록달록 봄옷을 입은 아이들이 이제 갓 여린 잎을 세상에 내놓은 모종과 똑같다는 생각이 듭니다. 귀엽고 사랑스러운 모종처럼 우리 아이들이 너무 소중하게 여겨집니다. 완성된 화분들은 아이들이 매일 오르락내리락 하는 유치원 현관 앞에 반별로 마을을 만들어 줍니다. 이때부터 아이들은 바빠지기 시작합니다. 매일 바깥 놀이를 하러 가기 전에 각자의 모종 이름을 부르며 인사도 하고 물을 주면서 소원도 이야기합니다.

"맛있는 물 먹고 무럭무럭 자라야 돼."

아이들의 기도 때문인지 해마다 모종들은 실망을 주는 일이 없었습니다. 신기하게도 항상 예쁜 열매를 선물해 주었습니다. 아이들이 열매를 수확하는 날은 축제의 날이지요. 아이들은 선뜻 자신들이 키운 열매를 먹지 못합니다. 너무 소중하고 귀하기 때문이지요. 이 감동을 남기기 위해 선생님들은 분주해집니다. 사진도 찍고 그림도 그리고 글로도 표현해 봅니다. 아이들이 언제나 생명의 소중함과 노력의 결실을 가슴에 깊이 새기길 바라면서요.

대부분의 모종심기 행사는 초여름이 오면 마치게 됩니다. 하지만 기특한 친구 강낭콩은 아직도 진행 중이지요. 7월 여름방학이 시작되면 키가 꽤 큰 강낭콩 화분은 아이들의 집으로 이사를 갑니다. 우유팩 화분을 들고 가는 아이들은 다른 어떤 때보다도 행복하고 뿌듯해 보입니다. 아이들도 안답니다. 강낭콩 화분은 많은 시간을 함께해 온 소중한 보물이라는 걸요. 8월 새 학기가 시작되면 아이들은 호기심과 기대를 가지고 귀여운 주먹을 제게 보여 줍니다. 그리고 묻습니다.

"이 안에 무엇이 있을까요?"

정말 감동이었습니다. 다름 아닌 예쁜 자줏빛 강낭콩 세 알이 주먹 속에 있었습니다. 아이들과의 감동은 무엇과도 바꿀 수 없답니다. 집에서도 아이들과 함께 모종심기, 씨앗심기를 하면서 봄을 느꼈으면 합니다.

개미, 엄마 찾아가게 해 주자!

저는 유치원 앞마당에 계절별로 꽃이 끊이지 않고 피는 것이 너무 좋습니다. 그래서 주기적으로 화원을 방문하여 씨와 모종을 구입하여 꽃도 심고 채소 모종과 과일 나무도 심어 놓습니다. 우리 아이들이 식물의 성장에 관심을 갖는 것은 물론 계절의 변화를 자연 속에서 느끼고 공감하기를 바라기 때문입니다. 그러나 예쁜 꽃은 항상 원치 않는 곤충들을 유혹합니다. 4월 말부터 유치원에는 벌, 나비, 새, 개미 등 곤충들이 많이도 놀러 옵니다.

"얘들아! 개미 좀 봐"

신기해하면서 호기심 어린 눈으로 바라보는 아이가 있는가 하면 보자마자 발로 짓밟는 유아도 있습니다. 이럴 때 저는 항상 이렇게 말합니다.

"아기 개미가 길을 잃었나 봐. 엄마에게 가도록 해 주자."

그러면 아이들은 애잔한 눈으로 "안녕! 엄마에게 잘 가. 다음에 또 만나." 하고 인사를 합니다. 아이들은 개미가 나쁜 곤충이라고 학습되어서 죽이는 경우보다는 어른들의 행동을 따라서 하는 경우가 많습니다.

유치원에서는 개미들을 채집하여 집을 만드는 과정 등 개미들의 삶을 관찰시키기도 합니다. 이때 과학영역은 아이들에게 가장 인기 있는 영역이 됩니다. 아이들은 개미들이 집을 짓는 과정을 신기하게 매일 관찰하며 개미 먹이도 열심히 챙겨줍니다.

이렇게 개미를 키워 본 아이들은 개미들의 존재에 대해 경이롭게 생각하고 생명을 함부로 대하지 않습니다. 그러므로 자연 속에서 숨 쉴 수 있음에 항상 감사하고 살아 있는 존재에 대해 고귀함을 공감할 수 있도록 부모가 자연스럽게 아이들과 대화해 주세요.

고마운 지렁이

초임 교사 때입니다. 유아교육 이론과 열정으로 완전무장한 저는 배운 대로 하루 일과에 바깥 놀이를 꼭 넣었습니다. 아이들은 미끄럼틀, 그네, 정글짐과 같은 복합놀이 기구를 타는 것도 좋아하지만 모래놀이 영역도 무척 좋아했습니다.

모래놀이 활동을 확장시켜 주기 위해서는 모래놀이 도구와 물, 그리고 물을 사용 할 수 있는 호수나 물통을 준비해 주면 좋습니다. 모래를 가지고 만나는 아이들의 세상에서는 어른들이 상상할 수 없는 무한한 가능성의 세계가 펼쳐집니다.

그날은 비온 뒤라 모래가 촉촉해서 아이들이 모래로 원하는 형태를 만들기가 좋았습니다.

아이들은 모래를 파다가 지렁이를 발견했습니다.

"지렁이다!"

저는 꿈틀대는 검붉은 지렁이가 너무 징그러웠습니다. 혼자 그 장면을 보았다면 악! 소리치며 눈을 돌렸을 겁니다. 하지만 저는 유

아이들은 흙을 만지고 냄새를 맡아보면서
새로운 생명을 조심스럽게 다룹니다.
"맛있는 물 먹고 무럭무럭 자라야 돼!"

아이들에게 자연의 순리에 대해 체험할 수 있는 추억을 만들어 주세요.
그러면 아이들은 자연과 함께 숨 쉬는 것이
얼마나 소중한지 공감하게 됩니다.

치원 교사입니다. 애써 미소를 지으며 말했습니다.

"어머 너희들이 지렁이를 발견했구나!"

"지렁이가 어떻게 움직이고 있니?"

"지렁이는 무슨 색깔이지?"

"지렁이 움직이는 소리가 나는지 들어 볼까?"

아이들의 호기심과 관찰력을 끄집어 내기 위해 온갖 노력을 다했습니다. 그리고 나서 교실로 돌아와서는 동물도감을 가지고 지렁이에 대해 함께 알아보는 시간을 가졌습니다. 그때 지렁이는 땅속에서 움직이면서 흙을 숨 쉬게 해 주고 비옥하게 하여 농작물이 잘 자라도록 돕는 고마운 역할을 한다고 결론지었던 걸로 기억합니다.

어느새 징그러운 지렁이는 고마운 지렁이가 되어 있었습니다. 아이들이 지렁이를 호기심 가지고 바라볼 때 제가 징그럽다고 피했다면 아이들도 그렇게 느껴겠지요. 하지만 아이들은 그 이후로도 지렁이를 보게 되면 항상 이렇게 말했습니다.

"지렁이야, 고마워. 우리 땅을 황금 땅으로 만들어 줘서."

여러분은 아이들의 부모입니다. 아이들은 부모의 영향력을 가장 많이 받고 자랍니다. 아이들의 호기심이 부모들이 가지고 있는 선입견으로 사라지지 않았으면 좋겠습니다.

부모와 함께하는
취미 생활은
협업력을 쑥쑥 키운다

집에서 할 수 있는 아빠들의 취미는 무엇이 있을까요? 대부분의 가정에서는 아이들이 태어나는 순간부터 모든 공간이 아이들의 살림으로 조금씩 차기 시작합니다. 신혼 때 둘만의 공간이 아기를 임신하고 출산이 다가올수록 아기 방이 마련되고 하나씩 사 모은 아기 옷, 아기 모빌, 아기 서랍장으로 꾸며지게 되지요.

저희 집도 남편의 서재로 꾸며져 있던 방이 예쁜 아기 방으로 점점 변신했던 것이 기억납니다. 그때는 당연했는데 지금 생각해보니 남편에게 참 미안한 마음이 듭니다. 힘든 회사 생활을 마치고 휴식과 취미 생활을 위해 꼭 필요한 공간이었는데도 남편은 새 가족을 맞이하기 위해 본인의 소중한 안식처를 기꺼이 양보했던 거지요.

남편의 배려로 신생아인 딸은 백일이 될 때까지 안락한 방에서 건강하게 자랐습니다. 하지만 아이가 성장할수록 아이의 보금자리는 아기 방에서 안방으로, 거실로, 부엌으로 확대되어 나아갔습니다. 온 집안이 아이의 활동 무대가 되었지요.

영유아를 키우는 집들은 사는 모양새가 비슷할 겁니다. 여길 봐도 저길 봐도 아빠들의 취미 공간은 찾아보기 어렵습니다. 그래서 아빠들에게 집은 밥 먹고 잠자는 곳, 텔레비전 보며 쉬는 곳이 되기 쉽습니다. 집을 가족 간의 공감대를 형성할 수 있는 활력이 넘치고 취미 생활을 할 수 있는 장소로 만들어 보세요.

집에 아이들 장난감과 공부방이 있는 것처럼 아빠들에게도 놀잇감과 취미 생활 공간이 필요합니다. 아빠의 취미 생활이 아이들과 함께할 수 있는 것이라면 어떨까요? 집에 아빠와 아이들이 함께할 수 있는 취미 공간도 확보해 주세요.

아빠의 취미는 수족관 꾸미기

딸이 유아기 때, 남편은 아이와 함께 집에서 관찰하고 키울 수 있는 물고기와 중고 수조를 구입했습니다. 대형 마트에 갈 때마다 수족관이 있는 장소에서 물고기를 보며 신기해하는 딸과 함께 놀아주며 남편도 물고기에 관심을 갖게 되었습니다. 아이와 함께할 수 있는 취미 생활이 생긴 거지요.

물고기에 대해 문외한이었던 남편은 딸과 함께 물고기 키우는 법에 대해 자료도 찾아보고 전문가에게 질문도 하면서 하나씩 배우고 익히기 시작했습니다. 예쁜 물고기와 수초를 구입해서 키우고 새끼도 낳도록 했습니다. 아기 물고기들은 안전하게 성장하도록 따로 보호해 주었습니다.

아이와 함께 주말이면 수족관에 가서 다양한 물고기도 관찰하고 수조를 깨끗하게 청소도 했습니다. 아빠가 청소할 때 호스를 잡아주는 역할은 아이의 몫이지요. 아이와 아빠는 수족관을 바라보며 자주 대화를 했습니다.

"아빠, 구피 새끼가 생겼어요. 한 마리, 두 마리, 세 마리."

"그렇구나. 어서 새끼집을 만들어 줘야겠다."

"왜요? 엄마랑 같이 살아야지요?"

"새끼가 어느 정도 클 때까지는 따로 보호해 줘야 된단다. 다른 큰 물고기들에게 잡아먹힐 수 있거든."

"아기 구피가 불쌍해요. 엄마랑 떨어져 있어야 하다니."

딸은 엄마 구피랑 떨어져 지내야 하는 아기 구피를 안타깝게 생각하며 아빠랑 함께 아기 물고기들이 안전하게 머무를 수 있는 아기 방을 꾸며 주었습니다. 딸은 그물 형태의 아기 방을 보면서 안심을 했습니다. 언제든지 엄마 구피가 그물 밖에서 아기 구피를 볼 수 있다고 느꼈나 봅니다. 남편과 저는 딸의 예쁜 마음을 지켜보면서 행복함을 서로 공유했습니다.

이때 남편은 참 신나했습니다. 남편이 재밌어 하니 아이도 덩달아 물고기 박사가 되었습니다. 아빠랑 함께하는 취미 생활로 둘만의 공감대가 풍부해지는 것을 느꼈습니다. 아이도 아빠와 함께 생명의 소중함을 배우고 물고기에 대한 지식을 많이 습득할 수 있었습니다. 물론 아빠와의 추억도 예쁘게 간직하고 있겠지요.

아빠가 만들어 준 가족 취미 생활

영유아기일 때는 아이 중심으로 체험 학습을 하거나 아이 발달 단계에 맞는 활동을 부모 주도하에 많이 하게 됩니다. 그러나 아이가 성장할수록 가족들이 함께 즐기면서 공감할 수 있는 취미 생활을 찾는 게 더 바람직합니다.

아이들이 초등학교 고학년만 돼도 입시 모드로 들어가는 집이 많고 아이들도 서서히 사춘기를 맞이하면서 부모보다는 또래하고 많은 시간을 보내게 되지요. 어느 순간 부모들과 아이들 사이에 공감할 수 있는 이야깃거리가 점점 사라지고 데면데면해지게 됩니다.

아이들의 몸과 생각이 자라면서 서서히 부모로부터 독립을 준비한다는 측면에서는 당연한 현상이라고 볼 수 있습니다. 그러나 사춘기 자녀를 둔 부모들은 하나같이 입을 모아 하소연을 합니다. 서로 말이 통하지 않는다는 거지요. 이럴 때 부모가 일관성을 가지고 중심을 잡아 주는 것이 정말 중요합니다. 그러기 위해서는 함께 소통하고 공유할 수 있는 이야깃거리가 있으면 좋습니다.

딸이 초등학생일 때 남편은 볼링을 배우기 시작했습니다. 주말이면 딸아이와 저를 데리고 연습장에 가서 같이 연습도 하고 맛있는 음식도 사 먹었습니다. 딸도 자연스레 볼링에 관심을 가지게 되었고 볼링 용어도 알게 되었지요.

그 당시에 Wii라는 볼링 게임이 있었는데, 아빠와 딸은 거실에서 리모컨을 쥐고 실제 볼링을 하듯 플레이를 함께하면서 신나게 즐겼답니다. 가족 모임이 있어서 다른 친척들이 저희 집을 방문하게 되면 여지없이 Wii 볼링 게임을 하며 몸으로 놀았지요. 아이뿐만 아니라 온 가족이 깔깔 웃으며 행복한 시간을 보냈습니다.

중학생이 된 딸은 아빠처럼 볼링을 실제로 배우고 싶어 했습니다. 초등학생일 때보다 운동량이 줄어든 딸을 위해 저도 함께 배우기 시작했습니다. 학교 생활 이야기 외에도 딸과 저 사이에는 공감할 수 있는 이야깃거리가 생겼습니다. 운동을 하면서 볼링 이야기

뿐만 아니라 아이가 좋아하는 노래, 가수, 친구 등에 대해 많은 대화를 할 수 있는 기회가 생겼던 거지요.

주말이면 가족 모두가 볼링을 하러 연습장에 가기도 했습니다. 사춘기 딸이지만 부모와 같이 할 수 있는 취미 생활이 있으니 소통을 계속 유지할 수 있었던 것 같습니다.

아빠나 엄마의 취미 생활을 아이와 함께 해 보세요. 시간이 많이 걸리더라도 함께한다면 분명히 가족이 화합할 수 있는 멋진 가족 취미가 만들어질 것입니다.

아이가 성장할수록 가족과 함께 즐기면서 공감할 수 있는
취미 생활을 찾는 게 더 바람직합니다.

백화점에
가는 것보다
캠핑을 가라

우리 집 가족 구성원은 여섯입니다. 아빠, 엄마, 딸, 반려견 세 마리.

딸이 초등학교 3학년 때 가족회의를 했습니다. 아빠는 강아지 목욕과 예방접종 담당, 엄마는 강아지 배식과 배변처리 담당, 딸은 강아지 목욕 후 털 말리기와 훈련 담당으로 역할을 나누었습니다.

강아지들이 제일 좋아하는 산책은 서로 양보할 수 없어서 되도록 함께하기로 했습니다. 때로는 본인들이 하는 역할에 대해서 귀찮아 할 때도 있지만 딸이 대학생이 된 지금도 이 역할은 그대로 유지되고 있습니다. 딸이 고3 수험생일 때조차도 딸은 당연히 하는 줄 알고 잘 감당했습니다.

이렇듯 어려서부터 아이에게도 본인이 가족 구성원으로서 행복한 가정을 위해 할 수 있는 일을 맡겨 주고 끊임없이 지지해 주기 바랍니다. 아이들은 책임감과 더불어 본인들이 가족 구성원으로서 소중한 존재이고 존중받고 있다고 공감하게 됩니다.

역할 부여, 자아존중감과 독립심 싹 틔운다

지금도 가슴을 따뜻하게 하는 추억이 있습니다. 주말 아침에 딸아이, 남편과 함께 침대에 누워서 특별한 계획이 없는 주말 스케줄을 짜는 거지요. 방법은 아주 쉽습니다. 가족이 의사권자로 돌아가면서 주말에 하고 싶은 의견을 내고 다수결에 따라 즐겁게 주말을 지내는 겁니다.

"엄마는 도시락 싸가지고 공원에 가서 놀고 싶어요."

"소영이는 탄천에서 인라인 타고 싶어요."

"아빠는 집에서 놀면서 요리하고 싶어요."

"자, 엄마 의견에 동의하는 사람 누워서 발 들기"

그 순간 발 드는 모습이 웃겨서 온 가족이 까르르 까르르 웃음보가 터집니다.

주말에 무엇을 할지에 대해서 부모가 결정하는 게 아니라 아이

역할을 부여해 주면
자아존중감과 독립심을 싹 틔울수 있습니다.
제 딸에게 강아지 목욕 후 털 말리기와
훈련 담당으로 역할을 부여했지요.

와 함께 상의해야 합니다. 아이는 자신이 존중받는 존재라는 점과, 독립적으로 뭔가를 해낼 수 있는 존재라는 점, 주말을 계획성 있게 보내는 방법, 이 세 가지를 배울 수 있습니다.

생활 속에서 하루, 일주일, 한 달의 가족 일정을 아이와 공유해 주세요. 아이들이 원치 않는 상황을 대비해서 항상 대화해야 합니다. 아이가 커 갈수록 이 부분은 더욱 중요해집니다. 그러므로 아이에게 항상 의견을 물어봐서 아이가 감정적으로 소외감을 느끼지 않도록 해야 합니다. 딸이 성인이 된 지금도 주말 스케줄이나 가족 행사는 서로 의견을 나누면서 만들어 갑니다.

어려서부터 이러한 가족회의를 통해서 민주주의 방식의 의사소통과 남의 말을 경청하고 존중하는 긍정적인 경험을 시켜 주세요. 가정에서 이런 대화 방식을 배운 아이들은 상대방과 제대로 소통하면서 공감대를 형성합니다. 그들은 더불어 사는 행복한 세상의 주인공이 될 겁니다.

아이의 자아존중감과 상대의 입장을 공감하고 존중하는 능력을 키워 주는 활동으로 캠핑을 추천합니다. 캠핑은 일상에서 벗어나 집과 다른 역할을 체험할 수 있는 좋은 활동입니다.

누군가는 캠핑을 사서 하는 고생이라고 합니다. 실제로 가 보면 모든 게 불편합니다. 그러나 그 불편함으로 인해 아이들에게 줄 수 있는 교육의 효과는 매우 다양합니다. 캠핑장에서 바라보는 가족들 간의 모습은 너무 행복해 보입니다. 제 딸도 캠핑을 하면서 가정과 유치원에서 배울 수 없는 많은 것들을 경험할 수 있었습니다.

일단 캠핑을 가기로 하면 준비과정부터 아빠와 딸에게 많은 부분을 맡깁니다. 장소는 어디로 갈지, 음식은 무엇으로 준비할지, 옷은 무엇을 가지고 갈지 등등. 평소에는 남편과 제가 주로 하는 역할이지요. 그래도 결국 마지막에는 제가 챙겨야 할 것이 많이 있습니다. 도착해서는 강아지들 산책을 시킵니다. 그러면 남편은 저와 강아지들을 위한 넓은 캠핑용 의자를 준비해 줍니다. 저는 이미 캠핑하고 있는 다른 가족들에게 피해를 주지 않도록 강아지들을 본다는 명분하에 의자에 앉아 있습니다.

그때부터 남편은 슈퍼맨이 됩니다. 아이와 함께 신나서 텐트로 집을 세우고 주방을 만듭니다. 아이도 이때부터는 본격적으로 엄마를 대신해서 아빠와 짝을 이루어 고사리 손으로 본인의 역할을 충실하게 수행합니다. 아이는 아빠의 의견을 경청하며 돕기도 하고 "아빠, 이건 어때요?" 하면서 자신의 생각도 제안합니다.

어느새 우리 가족의 멋진 숙소가 아이의 힘으로 완성됩니다. 아이는 본인이 가족 구성원으로 멋진 역할을 했다는 자긍심을 느꼈을 겁니다. 이때 저는 아빠를 대신해서 땀 흘린 아이의 노력에 감사를 표현하고 자랑스럽다고 칭찬을 해 줍니다.

만약 여러 가족이 함께 어울려 캠핑할 기회가 있다면, 가족 대항 대회를 여는 것도 재미있습니다. '누가 누가 협동해서 빨리 완성하나?' 식의 대회나 축제에 함께 참여하다 보면 우리는 한가족이라는 소속감과 더불어 가족 간의 공감력도 최고가 됩니다.

강원도에 있는 캠핑장에 갔을 때의 일입니다. 생각지 못했는데 '가족 대항 장작 쌓기 대회'가 있었습니다. 우리 가족은 신청서를 냈고 아이와 함께 장작을 빨리 쌓기 위해서 전략회의를 했습니다. 아빠와 아이는 장작을 균형 있게 사각형으로 쌓는 역할을 담당하고 저는 장작을 옮겨 주는 담당을 했습니다. 평소 캠핑 가서도 모닥불을 지필 때면 남편은 장작을 사용하기 편하게 쌓도록 딸에게 역할을 주었기에 딸은 자신감 있어 보였습니다.

시작하기 전에 우리는 파이팅을 외쳤고 시작과 동시에 본인들의 역할을 열심히 해서 장작이 2미터가 넘도록 쌓았습니다. 비록 수상은 못했지만 장작 한 묶음과 가족이 공감할 수 있는 유대감을 선물로 받았습니다. 그날 저녁은 낮에 있었던 대회 이야기로 재미있는 웃음꽃이 피었습니다.

색다른 환경, 솔직한 대화

제가 캠핑에서 제일 좋아하는 시간은 모닥불을 피워 놓고 가족 간의 이야기를 도란도란 할 때입니다. 서로의 생각과 감정을 소통

랄라라 신나는 캠프(최소영, 만 5세).

할 수 있는 시간이죠.

상상해 보세요!

까만 하늘에는 쏟아질 것 같은 보석들이 반짝거립니다. 어둠이 울타리가 된 마당 안에는 어머니 품같은 따뜻한 장작과 함께 낮에 모았던 솔방울이 타닥타닥 타면서 우리 가족들의 얼굴을 사랑스럽게 비춰 주고 있습니다.

이런 분위기라면 평소 바쁜 일상에서는 나누지 못했던 이야기들이 자연스럽게 나옵니다. 부부의 이야기도 중요하지만 아이가 중심이 되는 주제로 시간을 배려한다면 아이는 신이 나서 고민거리나 좋아하는 것에 대해서 풀어놓을 겁니다.

딸도 그랬습니다. 유치원생 때는 좋아하는 남자친구에 대해서 이야기를 자주했습니다. 초등학생 때에는 학교생활에서의 어려움과 선생님들에 대해서, 중학생 때에는 여자친구들 사이에서 일어나는 교우 문제와 취미 생활에 대해서, 고등학생 때는 공부와 진로에 대해 부모와 이야기하길 원했습니다. 그 시간들이 없었으면 바쁘다는 핑계로 딸과의 진솔한 공감대를 형성하기 어려웠을 것입니다.

행복한 가정을 꾸리기 위해서는 각 구성원이 함께 노력해야 합니다. 부모와 아이 이야기가 균형을 맞춰 어우러져야 한 권의 행복한 이야기 책이 완성됩니다.

4부

행복한 아이를 키우는 당신,
당신이 행복한 사람입니다

아이는 누구나
무한한 가능성을
가지고 있다

앤절라 더크워스는 《그릿GRIT》에서 성공은 타고난 재능보다 열정과 끈기에 달려 있다고 하며, 성취는 재능보다 두 배 더 중요한 노력에 의해 가능하다고 말했습니다. 그리고 열정과 끈기를 만들어 주는 부모의 역할로 지지와 격려뿐만 아니라 자녀가 완성을 경험하게 하고, 높은 목적의식을 갖도록 하라고 했습니다. 좋아하는 일을 할 때에는 목적의식이 생기며 그 동기로는 이타성을 강조했습니다.

여러분은 자녀들을 양육하면서, 아이들이 무엇인가를 도전하고 성취하고자 할 때, 기간과 원하는 목표를 어느 정도로 끈기 있게 기다려 주고 믿어 주시나요?

저는 유치원 현장에서 많은 아이들이 성장하는 것을 지켜보면서 시간과 교사들의 교육 목표에 따라 아이들의 성장 가능성이 달라지는 것을 경험했습니다. 유치원 재원 기간이 3년임을 고려했을때, 아이들의 변화는 기대 이상인 경우가 많았습니다. 아이들의 가능성을 현재 성취 수준보다 조금 높게 계획하고 믿고 따랐을 때 기대보다 높게 나타났습니다.

가능성을 현실로 이루어 가는 힘

만 3세 반에 입학한 민규는 형과 누나가 고등학생인 다자녀 가정의 늦둥이였습니다. 부모의 사랑을 듬뿍 받고 자란 민규는 너무나도 순수하고 예쁜 아이였습니다. 형과 누나가 수험생이라 엄마와둘이서 지내는 시간이 많았고, 가족 중에는 엄마와 신뢰감이 제일두터웠습니다.

단체 생활 경험이 처음인 민규는 반에서 친구들과 잘 어울리지못했습니다. 수업 중에도 교사에게 집중하지 못했습니다. 더 큰 문제는 기계와 자연의 변화를 제외하고는 친구들을 포함해서 그 누구에게도 관심이 없다는 것입니다.

만 3세 반일 때는 아이가 어려서 그럴 수 있다고 생각했으나, 친구들과 놀이하는 것을 제일 좋아하는 시기인 만 5세가 되어서도 흥미를 갖지 못하니 걱정이 되었습니다. 단체 생활 자체를 힘들어 했습니다. 때로는 엄마와 집에 있고 싶다고 하며 등원을 거부하니 수업도 따라가기가 쉽지 않았습니다.

하지만 저는 민규가 커 가면서 유치원 생활에 잘 적응할 거라고 굳게 믿고, 항상 민규가 잘하는 점을 칭찬하며 장점에 맞는 미래상을 멋지게 이야기해 주었습니다.

"우리 민규는 에어컨과 기계에 관심이 많구나. 사람들에게 유익한 기계를 만드는 멋진 발명가가 될 것 같아, 선생님은 기대가 되네."

"민규는 식물을 사랑하는 마음과 자세히 관찰하는 훌륭한 눈을 가졌구나."

제가 칭찬을 할 때면 민규는 인정받는 것이 기분이 좋은지 행동을 잘하려고 했습니다. 교사들과의 관계도 시간이 지남에 따라 많이 호전되었습니다. 그러나 여전히 또래 관계와 단체 생활은 숙제였습니다. 저는 민규 어머니와 상담 및 소통을 자주 했습니다. 유치원 하원 후에도 소공원에서 다른 친구들과 함께 놀 수 있는 기회를 자주 만들어 줄 것도 부탁드렸습니다.

그리고 담임선생님에게도 친구들 앞에서 민규가 좋아하는 분야를 발표해서 친구들이 민규를 이해하고 공감할 수 있는 시간을 배려해달라고 요구했습니다. 다행히 초등학교 가기 몇 달 전부터 민규의 생활 태도가 긍정적으로 변화하기 시작했습니다. 가정에서도 민규 부모님은 수험생 형과 누나에게 신경 쓰는 것처럼 민규와 자주 대화하려고 노력했습니다.

민규는 유치원을 졸업하기 전에 있었던 공개수업에서 기대 이상으로 수업에 잘 적응하는 모습을 보여 주었습니다. 뿐만 아니라 여러 부모님들 앞에서 발표도 준비한 만큼 당당히 해냈습니다. 이 모습에 저와 선생님들은 감동을 받았습니다. 민규 어머니도 굉장히 기뻐하며 그동안의 속마음을 저에게 이야기해 주셨습니다.

사실은 민규 부모님은 민규를 일반 초등학교가 아닌 대안학교를 보내려고 알아보고 계셨다고 합니다. 일반 학교에서는 민규가 적응이 불가능할 거라 생각하셨답니다. 감사하게도 민규는 유치원에서 다 키웠다고 표현해 주셨습니다.

저는 정말 보람을 느꼈습니다. 저는 진정으로 아이의 가능성을 믿었고 잘 성장할 거라고 항상 기대하고 있었습니다. 아이들에게는 어른들이 포기하지 않고 시간을 투자해서 격려하고 공감해 주면, 더디더라도 그들의 가능성을 현실로 이루어 가는 힘이 있습니다. 민규는 유치원을 졸업하고 유치원 근처에 있는 초등학교에 친구들과 함께 잘 적응해 가며 다니고 있습니다. 저는 지금도 훌륭한 발명가로 명성을 떨칠 민규를 기대하고 있습니다.

열정과 끈기를 경험하게 해 주세요

개인적으로 화려한 보여 주기식의 발표회는 좋아하지 않지만, 아이들이 배우고 익힌 것들을 확인하고 스스로가 성취감을 느낄 수 있는 기회를 주는 것은 필요하다고 생각합니다.

아이들은 열정을 가지고 끈기 있게 목표한 것들을 완성해 나가는 경험을 해 봐야 합니다. 어려서부터 이러한 경험들을 성공적으로 성취한다면, 새로운 도전을 두려워하지 않을 겁니다. 자기주도적인 삶을 살아갈 겁니다. 이때 부모가 아이들과 함께 소통하며 공감해 주면 힘이 됩니다.

저는 유치원의 만 4세 유아들이 영어시간에 배운 뮤지컬이 너무 좋아서 부모들 앞에서 보여드리는 시간을 계획했습니다. 반복되는 문장들이 많고 내용이 재미있어서 아이들은 부담 없이 맡은 역할을 잘 소화해 냈습니다. 부모님들도 응원과 격려를 많이 해 주셔서 아이들은 스스로를 자랑스러워했습니다.

다음 해에는 만 5세가 되었으니 목표를 높여서 영어 스피치 대회

아이들에게 시간을 투자해서 격려하고 공감해 주세요.
더디더라도 가능성을 현실로 이루어 가는 힘이 생겨요.

아이들의 무한한 가능성을 믿고 옆에서
응원하고 지지해 주는 부모가 되어 주세요.

를 해 보기로 했습니다. 만 4세 때는 친구들과 함께하는 뮤지컬이었지만, 이번에는 혼자서 영어로 발표를 하는 거지요. 여름방학이 시작되기 전 아이들은 본인들이 발표하고 싶은 것을 교사들과 동생들 앞에서 발표하는 시간을 가졌습니다. 많은 박수와 상장을 받았습니다.

동생들 앞에서 발표해서인지 수업 시간에 했던 것보다 더 씩씩하게 잘했습니다. 유아들의 얼굴에는 뿌듯함이 넘쳤습니다. 이 과정은 정말 쉽지 않았습니다. 영어로 발표할 내용을 암기해야 하고 발표하는 자세도 좋아야 했기 때문입니다. 저는 무대에서 내려오는 한 명 한 명에게 귓속말을 해 줬습니다.

"원장님은 끝까지 열심히 발표하고 내려온 네가 정말 자랑스럽구나!"

스피치 대회를 마무리 하고 저는 유아들 앞에서 이렇게 이야기했습니다.

"오늘 너희들이 열심히 준비한 것들을 성공적으로 해내는 모습을 보니, 부모님들에게도 보여드리고 싶은 생각이 드는구나. 너희들이 용기 내서 다시 도전해 본다면 원장선생님이 12월에 부모님들을 초대하고 싶은데, 어떻게 생각하나요?"

"용기 내서 도전하고 싶은 친구들은 손 들어 보자."

감동스럽게도 모두 자신감을 가지고 손을 들었습니다.

이때 깨달았습니다. 달콤한 성취감을 느끼기 위해서는 역경도 필요하다는 걸요. 아이들의 무한한 가능성을 믿고 아이들이 용기를 가지고 도전해 볼 수 있도록 옆에서 함께 응원하고 지지해 주는 부모가 되어 주세요. 우리 아이들이 열정을 가지고 노력하는 모습을 보는 것만으로도 당신은 행복한 사람이라고 느낄 것입니다.

인성교육이
학교 성적보다
훨씬 중요하다

　　　　　　　　최근에 있었던 알파고^{AlphaGo}의 등장으로 로봇, AI는 요즘 교육 현장에서 화두가 되고 있는 주제입니다. 그동안 지식과 기술 습득을 주목적으로 하고, 이에 대한 이해도를 평가해 온 학교에서는 자성의 목소리가 커지고 있습니다. 학교에서 볼 수 있는 변화보다 세상은 더 빠르게 바뀌고 있기 때문이지요. 향후 10년 내에 성직자나 예술가 등을 제외한 많은 직업군들이 로봇으로 대체될 가능성이 높다고 합니다. 이런 상황에서 4차 산업혁명 시대를 이끌고 갈 우리 아이들을 어떻게 교육하고 키우는 것이 바람직할까요?

연세대학교 경제대학원 김정호 특임교수는 4차 산업혁명 시대에는 지식 습득보다는 마음의 습관이 더 중요하다고 했습니다. 4차 산업혁명 시대에는 미래 직업을 상상하기 어렵고 지식 교육이 쓸모가 없어지기 때문입니다. 이때는 예측 불가 상황에 대한 적응이 필요하므로 마음의 습관을 키워 주는 것만이 유일한 대안이라고 합니다.

4차 산업혁명 시대에서의 지식 습득은 로봇이나 인공지능들로 대체할 수 있습니다. 그렇기 때문에 사람은 사람만이 가지고 있는 잠재력을 키워 주는 것이 매우 중요합니다. 다시 말해 미래에 필요한 인재상은 로봇이나 인공지능을 활용할 수 있으니, 이 시대의 인간은 그것들이 가지고 있지 않은 따뜻한 인성을 가진 사람이어야 한다는 것입니다.

미래에는 소통, 공감능력이 더 필요해요

많은 미래교육 학자들은 4차 산업혁명 시대에는 질문을 던지고 스스로 문제를 해결하는 창의융합교육이 중요하다고 강조하고 있습니다. 이런 교육을 통해서 과학적 사고력과 문제해결력을 키워 주는 것이 지식 습득 위주의 교육보다 더 절실하다고 합니다.

저는 생각하는 힘을 발달시키기 위해 프로젝트 접근법을 활용한

아이와 소통하고 아이의 감정과 생각을 공감해 주기 위해서는
아이의 성적에 전전긍긍하지 말고 아이가 참여하는
학습 과정에 중점을 두어야 합니다.

수업이 매우 효과가 있다고 생각합니다. 프로젝트 수업은 아이들이 흥미를 갖고 있는 주제를 정해서 아이들의 생각을 모으고 나누면서 배워가는 과정입니다. 아이들은 주도적으로 수업에 임하고, 수업 결과보다는 수업 과정을 중요하게 평가하게 되지요.

프로젝트 접근법을 활용한 수업에는 여러 장점들이 있지만 가장 훌륭한 점은 함께 모여서 활동한다는 겁니다. 프로젝트 수업은 문제 범위 안에 정답이 있지 않기 때문에 다양한 의견이 존중될 수 있습니다. 문제를 해결해 가는 과정에서 일어날 수 있는 여러 시행착오를 통해서 사람과 사람 간의 관계를 성장시킬 수 있습니다. 그러기에 서로 의견을 나누면서 상대방의 의견을 중요하게 생각하며 공감해 주는 능력이 더 필요한 것입니다.

사람의 됨됨이라 할 수 있는 인성이 잘 갖추어 있지 않은 아이들은 이러한 소통, 융합교육에 적응하기 어렵습니다. 이런 이유로 영유아기 아이들을 위해 부모나 교사가 가장 중요하게 생각하고 신경 써야 하는 부분이 인성교육입니다. 특히 소통하고 공감하는 능력은, 미래를 살아가는데 필요한 지식을 배우고 적용함에 있어 가장 중요한 능력입니다. 이러한 능력이 우수한 사람들은 사람들과 더불어 행복한 삶을 만들어 갈 것입니다.

바른 인성 위에 아이의 가능성을 열어 주세요.

《책은 도끼다》의 저자 박웅현은 지식보다는 아동 가능성을 열어

주는 것이 중요하다고 하면서 오스트리아에 있는 한 음악학교의
교수 방법론을 소개하고 있습니다.

"그 학교는 음악학교인데도 어린아이들에게 악기 연주를 시키지
않는 대신 아이들을 데리고 밖으로 나가 자연의 음들을 들려준다
고 합니다. 예를 들면, 바닷가에 가서 자갈을 들고 큰 돌과 큰 돌이
부딪치는 소리, 큰 돌과 작은 돌이 부딪치는 소리, 파도가 치는 소
리를 들으며 얘기하는 것이죠."

오감을 통해서 음의 차이를 느끼고 자연과 함께 공감하는 것이
아이들의 가능성을 키워 주기 위해서 더 중요하다는 것입니다. 지
식만 주입하는 교육보다는 아동의 잠재력과 창의성을 키워 주는
것이 필요합니다. 그것이 4차 산업혁명 시대에서 요구하는 인재상
입니다. 따뜻한 감성 또한 필수입니다.

그렇다면 가정에서는 미래의 주역이 될 우리 아이들을 위해 어
떻게 교육하면 좋을까요?

그 해답은 아이와 함께 소통하고 공감해 주는 부모의 능력에 있
습니다. 아이와 소통하고 아이의 감정과 생각을 공감해 주기 위해
서는 부모는 아이의 성적과 학습 결과에 전전긍긍하지 말고 아이
가 참여하는 학습 과정에 중점을 두어야 합니다.

과정을 중시하면 아이들은 주도적으로 임할 수밖에 없습니다. 적극적으로 참여하다 보면 학습 흥미도는 자연스럽게 올라가게 됩니다. 부모가 주는 이러한 환경은 아이들로 하여금 가정 밖의 세상에서 아이가 어떻게 행동해야 하는지를 알고 실천하게 해 줍니다. 친구들의 말을 경청하고 존중하려 할 것이며, 친구들의 생각을 이해하고 공감하려고 노력할 것입니다.

이렇게 바른 인성을 가지고 성장한 아이들은 인공지능으로 만들어진 스마트한 세상을 따뜻함으로 가득 채우면서 살아가겠지요.

기적을
일으키는
장점일기

       초임 교사로 근무할 때, 정말로 존경하는 부장 선생님이 계셨습니다. 아이들 한 명 한 명을 항상 사랑으로 대하시고 수업도 정성을 다해 준비하는 모습을 보고 본받으려고 노력했던 기억이 납니다.

    그 당시 저처럼 만 5세 반을 담당하고 계셔서 저는 부장 선생님 반을 수시로 방문했습니다. 환경 구성은 어떻게 했는지, 새로운 교수자료가 있는지 항상 관심을 가지고 배우려고 했습니다. 부장 선생님을 저의 멘토로 존경했던 것은 교사로서의 자세와 행동도 있지만 선생님의 긍정적인 생각과 언행 때문이었습니다.

따뜻한 봄날 오후에 선생님은 깔깔 웃으시면서 그날 있었던 재미있는 일들을 저에게 이야기해 주셨습니다.

"오늘 저희 반에서 친구들 장점에 대해 이야기하는 시간을 가졌어요. 저희 반 석규가 갑자기 저에게 묻는 거예요. 선생님의 장점이 무엇이냐고요."

"그래서 선생님은 어떻게 대답하셨어요?"

"제가 웃으면서 이렇게 말했죠. 선생님은 너희들과 눈높이를 항상 맞추기 위해서 선생님의 작은 키가 장점이라고 생각한다고요."

저는 그때 생각했습니다. 부장 선생님은 키는 작을지라도 자존감은 누구보다도 강하다는 걸요. 부장 선생님이 작은 거인처럼 느껴지는 순간이었습니다. 같은 상황을 어떤 관점으로 보느냐에 따라 장점이 될 수도, 단점이 될 수도 있다는 것을 느꼈습니다. 키가 작다는 사실을 콤플렉스로 가지고 있는 사람도 많이 있는데, 선생님은 긍정적인 사고의 전환으로 키가 작은 게 선생님만의 멋진 장점이 되었던 거지요. 그래서 아이들에게도 편견을 가지지 않고 긍정적인 사고를 할 수 있도록 지도를 해 주셨습니다.

앞으로 우리 아이들이 살아갈 세상이 어떻게 펼쳐질까요? 그리고 우리 아이들은 어떤 사람들과 함께 살아가게 될까요?

어떤 세상이든지, 누구를 만나든지 확실한 것은, 우리 아이들 스스로가 긍정적인 생각으로 자신과 누군가의 장점을 보면서 함께 공감해 간다면 행복은 우리 아이들 곁에 항상 머무를 겁니다.

가족들의 장점을 기억하세요

저희 유치원에서는 매년 부모들과 아이들의 육아와 교육에 대해 함께 공감하면서 소통하는 부모특공대 수업이 있습니다. 5주 간의 수업 동안 부모들은 육아의 어려움을 나누고 지혜를 공유하며 행복일기를 쓰게 됩니다.

3주 차 시간에 우리 가족의 장점에 대해 생각해 볼 수 있는 시간을 줍니다. 먼저 아이들의 장점을 종이 위에 50개 정도 써 보라고 하면 어머니들은 감탄을 합니다.

"원장님, 우리 아이에게 이렇게 많은 장점이 있는지 새삼 깨닫네요."

"매일 야단만 치고 못하는 게 많다고 생각했는데요."

빠른 속도로 아이들의 장점을 적어 내려가는 어머니들의 입가에는 밝은 미소가 번집니다. 저는 어머니들이 기록한 장점들을 앞으로 나와서 다른 어머니들에게 들려주도록 합니다. 다른 어머니들의 발표를 들으면서 내 아이의 더 많은 장점을 찾을 수도 있기 때문이죠.

장점을 이야기할 때는 모두가 행복해집니다. 재미있는 이야기도

아이들의 육아와 교육에 대해 함께
공감하면서 소통하는 부모특공대 수업 모습.

많이 나오는데, 심지어 어떤 어머니는 우리 아이는 방바닥에 있는 머리카락을 잘 집는다고 말씀하십니다. 아이들의 장점을 공유하고 난 후에는 남편의 장점을 적어 보는 시간을 갖습니다. 그런데 이때 부터는 어머니들의 반응이 두 부류로 나뉩니다. 쓱쓱 써 내려가는 어머니들이 있는가 하면, 끙끙대며 진도가 나가지 않는 어머니들 도 있습니다.

아이가 생기고 육아를 하면서 어머니들의 관심사는 아이들에게 집중되기 마련입니다. 남편에게는 소홀해지는 가정이 많습니다. 이때 어려운 육아를 부부가 힘을 합해서 함께 해결하는 가정이 있 는가 하면, 독박육아와 가사로 힘들어 하는 집도 있습니다. 전자는 남편과의 관계가 긍정적인 어머니들인 경우이고, 후자는 그렇지 못한 경우입니다.

저는 남편의 장점도 50개 이상 적어서 아이의 장점들을 적은 종 이와 함께 집에서 가장 많이 볼 수 있는 장소에 붙여 놓으라고 합니 다. 매일 자주 보면서 소리 내어 읽어 보기를 권합니다. 우리 뇌는 눈으로 보는 것보다 소리 내어 읽을 때 생생하게 오래 기억할 수 있 기 때문입니다.

한 주 뒤 다시 모였을 때 어머니들은 입을 모아서 말합니다. 남편 과 아이들이 장점 리스트를 보며 스스로를 뿌듯하게 생각하고 무엇이든지 더 잘하려고 한다는 겁니다. 그래서 어머니들도 행복한 시간을 보낼 수 있었다고 합니다. 장점을 적어서 붙이는 것은 어머니들의 생각을 긍정적으로 바꿔서 가정을 행복한 공간으로 만들기 위한 것이었는데, 가족 모두가 화목해지는 분위기를 만들어 가는 계기가 되었던 것입니다.

한 어머니는 본인도 장점 리스트를 갖고 싶다고 하며 남편에게 쓰라고 재촉해서 가족 모두의 장점 리스트를 붙여 놓았다고 합니다. 이렇게 행복이 넘치는 가족들을 보니 우리 아이들에게 좋은 가정환경을 제공해 주는 것 같아서 보람을 느꼈습니다.

'장점일기'를 써 보세요

부모특공대 수업이 진행될 때 어머니들도 '행복일기'를 쓰지만, 저도 꾸준하게 '행복일기'를 씁니다. '행복일기'에는 저와 가족, 주변인들에 대한 장점들, 그날 있었던 감사했던 일들, 다행이라고 생각되는 부분들을 기록합니다.

많은 시간을 투자해서 자세하게 쓰지는 않지만, 저녁시간에 10분 정도 할애하여 제가 쓰고 있는 바인더에 기록합니다. 저의 장점을 쓰는 이유는 꿈과 열정을 가지고 끈기 있게 하루를 열심히 살 수 있도록 스스로를 격려하기 위함입니다.

살다 보면 계획대로 되지 않거나, 의도하지 않은 일들로 인해서 실망스러울 때가 있습니다. 이럴 때 장점을 기록하고 되새기면서 용기를 얻습니다. 특히 영유아기 딸을 키울 때는 이론과 실제가 달라서 당황도 많이 하고, 육아와 일을 병행했기 때문에 너무 힘들어서 좌절하기도 했습니다. 그럴 때마다 장점과 감사, 다행스러운 일들을 기록하면서 부정적인 감정과 생각들을 희망과 보람으로 바꿔 나갔습니다.

소중한 가족들의 장점을 기록하는 것은 바쁜 일상으로 소홀해지는 것을 막고 감사함을 느끼기 위함입니다. 장점일기를 쓰다 보면 자연스럽게 그날의 감사한 일들과 다행스럽게 여겨지는 소소한 일상들이 떠오르고, 하루가 충만하게 느껴집니다. 특히 아이가 어릴 때는 하루가 다르게 신체, 언어, 인지 등이 빠르게 성장하기에 기록할 것들이 참 많습니다.

부모들이 아이들의 이러한 성장 과정을 장점일기로 쓰면서 함께 공감하고 희망찬 내일을 맞이한다면 우리 아이들의 내일은 행복한 기적들로 꾸며질 것이 분명합니다.

만약, 오늘이
마지막 날이라면
당신은?

어머니들과 함께하는 부모 교육 수업 마지막 날에는 가족의 소중함과 지금 이 순간이 얼마나 행복한 시간인지를 느끼는 것으로 마무리합니다. 그날 가장 중요한 프로그램은 사랑하는 아이와 남편에게 '유서 쓰기'입니다.

내가 앞으로 3개월만 산다면 사랑하는 아이와 남편에게 어떤 글을 남기고 싶나요?

'유서 쓰기'에 앞서서 TV에서 방송되었던 실제 사례를 10분 정도 시청합니다. 주인공인 부부는 부모 교육에 참여하고 있는 어머니들과 연령대가 비슷해서 공감대를 형성하기에 도움이 많이 되었

우리 아이들이 이 세상을 공감하면서 행복을 누리고 나누기를 기도합니다.

우리 아이들이 감사와 사랑의 메시지를 전파하는 듯합니다.
아이들이 행복해 보이기 때문입니다.

습니다.

사례 내용은 이렇습니다. 아동기 아이들을 두고 행복하게 살던 부부에게 청천벽력 같은 일이 벌어집니다. 남편이 말기암 선고를 받게 된 거지요. 아내는 남편이 항상 옆에 있으리라 생각했습니다. 그러나 남편은 하루가 다르게 죽음의 문턱으로 가깝게 가고 있었습니다. 아내가 말합니다.

"지금 이 순간처럼 당신을 온전히 사랑하면서 살았으면 좋았을 텐데요. 이제야 깨닫습니다. 당신과 우리 아이들로 인해서 내가 얼마나 행복했는지요."

시청하는 어머니들 여기저기서 훌쩍이는 소리가 나더니 이내 눈물바다가 됩니다. 너무 소중한 아이와 고마운 남편이 눈앞에 아른거립니다. 매일 이런 마음으로 소중한 가족들을 생각하고 감사의 마음으로 지내면 얼마나 좋을까요?

TV 시청이 끝나고 어머니들은 생각을 정리하면서 차분하게 편지에 글을 써 내려갑니다. 두 눈이 눈물로 가득차고 빨개질수록 어머니들의 유서도 한 줄씩 채워집니다. 누구는 아이들 한 명 한 명에게 사랑한다고 쓰기도 하고, 또 다른 누구는 남편에게 아이들을 부탁하는 글을 쓰기도 합니다.

어느 정도의 시간이 지나서 어머니들은 유서를 공유하는 시간을 갖습니다. 대부분 이 활동을 마무리하면서 아이들과 남편이 있어서 얼마나 내 자신이 행복한 사람인지를 깨닫게 된다고 합니다. 가족에게 무심코 했던 잔소리와 부정적인 언행들에 대해 반성도 하게 됩니다. 매일 우리에게 주어지는 하루를 당연하게 여겼는데 진정으로 값진 것이라는 것을 알게 되는 거지요. 그러면서 행복한 가정을 유지하기 위해 우리 아이들에게 어떻게 해야 할지에 대한 해답을 찾아갑니다.

만약, 오늘이 마지막 날이라면 여러분들은 어떻게 하실 건가요?

저는 '감사합니다, 사랑합니다!'라고 매일 말할 거예요

요즘 두뇌교육에 대해 공부를 하면서 인간 두뇌의 우수성과 신비로움에 감탄을 합니다. 두뇌발달이 가장 많이 이루어지는 유아기 교육의 중요성에 대해서 책임감도 느낍니다. 이 책임감은 저에게 또 다른 기쁨으로 다가오기도 하는데, 그 이유는 긍정적인 가능성 때문입니다. 아이들에게 부모나 교사가 어떤 환경을 주고 어떻게 교육하느냐에 따라서 우리는 우리 아이들을 이 세상에서 가장 행복한 두뇌를 가진 아이로 키울 수 있습니다.

다음은 실제 경험에서 얻은 확신이라 자신 있게 말할 수 있습니다.

저는 유치원 원장으로서 유아들에게, 학부모들에게, 교사들에게 감사하다는 표현과 사랑한다는 표현을 수시로 합니다. 말과 함께 안아 주거나 손 하트를 만들어서 표현하기도 합니다. 그러면 내 스스로가 진심으로 그들에게 감사한 마음이 드는 것을 느낄 수 있고 사랑하는 감정이 더 깊어지는 것을 깨닫게 됩니다. 동시에 그들의 행복을 빌어 주는 제 모습을 발견하게 됩니다.

이러한 말과 행동은 그들에게도 감사와 사랑의 에너지를 전파하는 듯합니다. 그들이 행복해 보이기 때문이지요. 이런 관점에서 보면 두뇌는 참 단순합니다. 의지와 생각만으로도 똑같은 상황이 다르게 느껴지고 해석되니까요.

단, 이러한 생각과 행동은 3개월 이상 꾸준하게 실천해야 됩니다. 우리 두뇌는 3개월 정도의 훈련이 되어야만 뉴런이 생기고, 쓰는 뇌로 바뀌기 때문입니다. 이제 저는 의도적으로 노력하지 않아도 배고프면 밥 먹고 싶다는 생각이 들듯이 자연스럽게 주변인들에게 감사와 사랑을 느끼고 표현하게 됩니다.

저의 인생 비전은 저로 인해서 제 주변인들이 항상 행복을 느낄 수 있도록 선한 영향력을 끼치는 것입니다. 이를 실천하기 위해서 저는 매일 '사랑합니다, 감사합니다'를 외치며 그들과 소통하고 공감하려고 노력하고 있습니다. 신기하게도 이러한 노력들이 제 삶을 더 풍요롭게 만듭니다.

요즘 들어 더 행복합니다. 아침에 눈을 뜨는 순간 제가 건강하게 하루를 맞이하는 것에 감사함을 느낍니다. 또 하루를 무사히 마무리 하는 순간에 오늘도 기적이라 생각하고 행복감에 젖습니다.

"오늘 소중한 하루를 건강하게 맞이하게 해 주셔서 감사합니다. 우리 아이들과 선생님들 그리고 가족들이 행복하게 지낼 수 있게 열심히 살겠습니다."

"오늘 사고 없이 건강하게 하루를 마무리 할 수 있어서 감사합니다."

나의 넘치는 행복을
아이들과 함께 공감하고 싶어요

저희 유치원에는 맞벌이 부부들이 많아서 아이들의 등원과 하원을 도와주시는 할머니와 할아버지가 많이 계십니다. 그분들이 아이들을 대하시는 모습은 부모들과 분명히 차이가 있습니다. 아이들을 보는 눈빛부터 더 사랑스럽습니다. 소위 말하는 눈에서 꿀이 뚝뚝 떨어지는 것을 느낄 수 있습니다.

요즘 제가 그렇습니다. 아이들이 저 멀리서 걸어오는 것만 봐도 기특하고, 저에게 와서 말하는 입만 봐도 그렇게 예쁠 수가 없습니다. 아이들 존재만으로도 정말 소중하고 귀하다는 느낌을 받습니다. 아이들로 인해서 제가 진정 행복합니다. 언제부턴가 저는 아이들로부터 받은 넘치는 행복을 다른 아이들에게 나누어 주고 공감하고 싶었습니다.

얼마 전 남부 아프리카 3개국(모잠비크, 말라위, 짐바브웨)을 덮친 강력한 싸이클론 이다이Idai의 영향으로 많은 피해가 있었다는 가슴 아픈 소식을 들었습니다. 특히 모잠비크에는 수백 개의 교실이 침수되고 만 명이 넘는 이재민이 발생하였다고 합니다. 이 소식에 특히 통감했던 이유는 모잠비크에 후원하는, 저로 인해 초등학교에 가게 된 아이가 있었기 때문입니다. 다행히 아이는 이번 싸이클론의 영향을 받지 않아서 안전하다고 합니다. 실제로 보지도 못한 아이지만 저는 진심으로 아이가 무사하기를 빌었고 안전하다는 이야기를 전달받았을 때 감사하고 행복했습니다. 그리고 빨리 모든 것이 회복되기를 기도하고 있습니다.

앞으로 저는 몇 명의 아이들을 위해 후원하고 기도할지 모르겠습니다. 확실한 것은 저의 유서에 수많은 아이들의 이름이 기록될 수 있도록 그들과 공감하려고 노력하며 저의 행복을 나눌 것입니다. 그리고 저와 함께했던 아이들이 이 세상을 공감하면서 행복을 누리고 나누기를 기원합니다.

이 책이 나오기까지 많은 분들의 도움이 있었습니다. 저와 함께했던 예쁜 아이들과 학부모님, 선생님들에게 사랑과 감사를 전합니다. 항상 배울 수 있도록 길을 열어 주시는 홍양표 박사님과 멘토 원장님들, 꿈 리스트에만 머물 뻔한 나의 꿈을 현실이 되게 도와준 엔터스코리아 양원근 대표님, 미러리스트 최에스더 대표님, 박보영 팀장님과 8기 선생님들, 태인문화사 인창수 대표님에게도 진심으로 감사드립니다. 마지막으로 사랑하는 부모님과 가족들, 특히 저를 빛내주는 멋진 신랑과 딸에게 고마움을 전합니다.

"딸, 이 세상에 태어나서 엄마가 제일 잘한 것은 너를 낳은 거란다."

추정희

참고도서

로먼 크르즈나릭, 《공감하는 능력》, 더퀘스트, 2018.

박웅현, 《책은 도끼다》, 북하우스, 2011.

박재연, 《엄마의 말하기 연습》, 한빛라이프, 2018.

앤절라 더크워스, 《GRIT》, 비즈니스북스, 2016.

요네야마 기미히로, 《똑똑하고 감성적인 아이로 키우는 엄마표 좌, 우뇌 클래식 육아법》, 예인, 2012.

이명신, 《영어그림책 골라주세요》, 보림, 2002.

이민정, 《아름다운 부모들의 이야기》, 야훈, 2015.

정옌팡, 《아빠 교육의 힘》, 지식너머, 2016.

캐서린 키팅, 《포옹할까요》, 이레, 2002.

캔 블랜차드, 짐 발라드, 《칭찬은 고래도 춤추게 한다》, 21세기북스, 2018.

최성애, 조벽, 존 가트맨, 《내 아이를 위한 감정코칭》, 한국경제신문, 2011.

홍양표, 《엄마가 1% 바뀌면 아이는 100% 바뀐다》, 와이즈브레인, 2015.

홍양표, 《엄마가 행복해지는 우리 아이 뇌습관》, 비비투, 2018.

우리 아이 행복한 두뇌를 만드는
공감수업

초판 1쇄 발행 2019년 7월 10일
초판 3쇄 발행 2019년 8월 30일

지은이 추정희
펴낸이 인창수
펴낸곳 태인문화사
디자인 플러스
일러스트 최소영
신고번호 제10-962호(1994년 4월 12일)
주소 서울시 마포구 독막로 28길 34
전화 02-704-5736
팩스 02-324-5736
이메일 taeinbooks@naver.com

ⓒ추정희, 2019

ISBN 978-89-85817-75-2 13590

이 도서의 국립중앙도서관 출판예정도서목록(CIP)은 서지정보유통지원시스템 홈페이지(http://seoji.nl.go.kr)와
국가자료종합목록시스템(http://www.nl.go.kr/kolisnet)에서 이용하실 수 있습니다.
(CIP제어번호 : CIP2019025510)

나의 딸아이가 태어나고 내 인생에는 걱정거리가 많아졌다. 너무 느려도 걱정, 너무 빨라도 걱정, 많이 먹어도 걱정, 적게 먹어도 걱정……. 무엇이 현명한 답이 될 줄 몰라서 걱정이 많았었는데, 나의 딸이 예쁜유치원에 다니면서 걱정거리들은 차츰 사라지고, 딸과 함께 생각하고 답을 찾아가는 방법을 조금씩 배워갈 수 있었다. 이 책은 예쁜유치원 추정희 원장 선생님의 교육철학인 아이들과의 공감을 잘 다루고 있으며, 이 책을 통해 엄마들의 걱정거리를 멀리 보낼 수 있을 것이라 확신한다.

예쁜유치원 졸업생 이하린 엄마, 전문대학 강사 **황인정**

유아기는 아이들의 인생에서 가장 중요한 시기이다. 이 시기에 원장님을 만났다는 것은 아이의 인생에 아주 큰 행운이라고 생각한다. 추정희 원장님은 올바른 교육에 대한 굳은 신념을 가지고 아이들 교육을 하실 뿐 아니라 부모들에게도 참다운 교육을 할 수 있도록 열정적으로 지도하신다. 원장님의 교육을 통해 놀랍게 성장하는 아이들과 부모들을 보면서 더 많은 아이들과 부모들이 추정희 원장님을 만난다면 '대한민국의 미래가 바뀌지 않을까'라고 생각해왔다. 이 책은 행복한 아이를 키우고자 하는 모든 부모들에게 최고의 지침서가 될 것이라고 생각한다.

예쁜유치원 졸업생 남태율 엄마, 영어교육전문가 **윤효은**

공감적 태도는 영유아기 아이들에게 행동 또는 언어로 표현되기 때문에 자녀 양육에 있어서 많은 영향을 미친다. 따라서 부모뿐만 아니라 교사도 아이들의 마음을 어루만져 줄 수 있는 능력이 필요하다. 추정희 원장님의 제자로서, 원장님처럼 아이들을 대할 때 항상 그들의 말에 귀 기울여 주고, 최대한 감정에 공감해 주며 사회성을 길러 주기 위한 노력을 한다.

2001년 예쁜유치원 3회 졸업생, 유아교육 전공자 **서연주**

영유아기는 아이가 처음으로 또래 친구들, 즉 작은 사회를 만나는 중요한 시기이다. 처음으로 아이가 또래와 만나 느끼게 되는 감정은 굉장히 다양하다. 하지만 아이에게는 처음 느껴 보는 그 다양한 감정들이 당황스럽게 다가올 수밖에 없다. 추정희 선생님의 공감수업은 아이가 이를 안정적으로 표현할 수 있도록, 그 기틀을 마련해 주는 훌륭한 역할을 한다. 아이의 감정을 공감해 주며 다가가고자 하는 어른들에게 이 책이 좋은 안내서가 될 수 있을 것이다.

2001년 예쁜유치원 3회 졸업생, '자연의 노래' 저자, 금향초등학교 교사 **박희정**